"十二五"职业教育国家规划教材
经全国职业教育教材审定委员会审定

Jianzhu Gongcheng Celiang

建筑工程测量

（第二版）

陈兰云 主 编
周群美 陈德标 副主编
高 飞［合肥工业大学］ 主 审

人民交通出版社股份有限公司
China Communications Press Co.,Ltd.

内容提要

本书为"十二五"职业教育国家规划教材。本教材立足于高职高专层次教学需求，突出能力要求，按项目开展、以任务驱动形式来进行教学，具有较强的实用性和通用性，注重对学生测、算、绘等基本技能的训练。全书共十个学习项目，分别为：背景知识、高程控制测量、平面控制测量、施工现场地面测量、建筑物定位与放线、建筑物基础施工测量、民用建筑主体施工测量、厂房构件安装测量、建筑物的变形监测以及卫星定位测量。

本书可作为高职高专院校土建施工类、工程管理类专业用教材，同时也可供土建工程技术人员参考。

图书在版编目（CIP）数据

建筑工程测量／陈兰云主编．—2版．—北京：
人民交通出版社股份有限公司，2015.2
"十二五"职业教育国家规划教材
ISBN 978-7-114-11794-7

Ⅰ.①建… Ⅱ.①陈… Ⅲ.①建筑测量－高职业教育－教材 Ⅳ.①TU198

中国版本图书馆 CIP 数据核字（2014）第 241705 号

"十二五"职业教育国家规划教材

书　　名：	建筑工程测量（第二版）
著 作 者：	陈兰云
责任编辑：	丁润泽　王景景
出版发行：	人民交通出版社股份有限公司
地　　址：	（100011）北京市朝阳区安定门外外馆斜街3号
网　　址：	http://www.ccpress.com.cn
销售电话：	（010）59757973
总 经 销：	人民交通出版社股份有限公司发行部
经　　销：	各地新华书店
印　　刷：	北京武英文博科技有限公司
开　　本：	787×1092　1/16
印　　张：	16.25
字　　数：	382千
版　　次：	2010年8月　第1版 2015年2月　第2版
印　　次：	2020年8月　第2版　第4次印刷　总第6次印刷
书　　号：	ISBN 978-7-114-11794-7
定　　价：	45.00元

（有印刷、装订质量问题的图书由本公司负责调换）

第二版前言

本教材自2010年出版以来，受到土建类高职师生的广泛好评。编者根据多年从事建筑工程技术专业教学实践及企业兼职实践的经验，通过征求各院校和社会建筑从业人员的意见，对教材内容进行了调整与更新，使之更趋完善。本教材于2014年被评为"十二五"职业教育国家规划教材。

本版教材根据国家最新修订的相关规范、标准及行业新知识、新技术、新工艺、新成果应用等情况，结合各使用学校的教学实际，为了更好地强化教学重点、课程内容、能力结构以及评价标准之间的有机衔接和贯通，对第一版教材进行修订和更新。主要修订和更新内容有：在项目四"施工现场地面测量"中，增补"线路测量"和"数字化测图"内容，丰富施工现场地面测量的内容和测绘方法，加大实训教学的比例；在项目九"建筑物的变形观测"中，增补"建筑物倾斜观测"和"建筑物位移观测"；在教材最后增补选学内容项目十"卫星定位测量"，以扩大学生学习的知识面，使学生了解最新知识。此外，本教材配套电子课件（ppt格式），可供使用本教材的师生参考。

第二版仍按64学时编写，其中含33学时的实践教学。教学时数可参考下表：

序号	项目名称	教学学时			序号	项目名称	教学学时		
		理论	实践	合计			理论	实践	合计
1	背景知识	1	1	2	6	建筑物基础施工测量	1	1	2
2	高程控制测量	8	8	16	7	民用建筑主体施工测量	2	2	4
3	平面控制测量	10	10	20	8	厂房构件安装测量	1	1	2
4	施工现场地面测量	2	2	4	9	建筑物的变形监测	1	1	2
5	建筑物定位与放线	4	4	8	10	卫星定位测量	1	3	4

本书由金华职业技术学院陈兰云教授担任主编,金华职业技术学院周群美、丽水职业技术学院陈德标担任副主编,由合肥工业大学高飞教授担任主审。金华职业技术学院陈兰云编写项目一、二、三;金华职业技术学院周群美编写项目四的任务1、2,项目五,项目九的任务1;丽水职业技术学院陈德标编写项目六,项目八和项目九的任务2、3;湖州职业技术学院潘东毅编写项目七;金华职业技术学院田晓军编写项目四的任务3和项目十;另外义乌工商学院陈小平参与了部分统稿工作。全书最后由金华职业技术学院陈兰云、周群美、张冰(宁波鑫港工程勘察设计有限公司)统稿、修改、定稿。在本教材编写过程中还得到了有关单位和个人的大力支持,在此表示衷心感谢!

限于编写人员的水平,本书难免存在一些缺点和错识。我们恳切地希望广大读者提出宝贵意见,以便继续改进,不断提高质量,从而更好地满足读者的需求。

编　者
2014 年 10 月

目录

项目一　背景知识 ... 1
　任务　看懂地形图 ... 1
　自我测试 ... 17
项目二　高程控制测量 ... 18
　任务1　操作水准仪 ... 18
　任务2　实施水准测量 ... 26
　任务3　整理水准测量成果 ... 33
　任务4　高程放样 ... 37
　任务5　检验与校正微倾式水准仪 ... 40
　任务6　建立高程控制网 ... 45
　自我测试 ... 50
项目三　平面控制测量 ... 54
　任务1　操作光学经纬仪 ... 54
　任务2　测量水平角和竖直角 ... 62
　任务3　检验和校正经纬仪 ... 69
　任务4　钢尺量距 ... 74
　任务5　水平距离和水平角放样 ... 80
　任务6　实施导线测量 ... 84
　任务7　建立施工平面控制网 ... 97
　任务8　认识全站仪 ... 102
　自我测试 ... 108
项目四　施工现场地面测量 ... 111
　任务1　用经纬仪测绘法测绘施工现场地面 ... 111
　任务2　线路测量 ... 121
　任务3　数字化测图 ... 136
　自我测试 ... 145

项目五　建筑物定位与放线 ·· 146
任务1　测设点的平面位置 ·· 146
任务2　建筑物定位与放线 ·· 151
自我测试 ·· 156

项目六　建筑物基础施工测量 ·· 157
任务1　浅基础施工测量 ·· 157
任务2　柱基础施工测量 ·· 163
任务3　桩基础施工测量 ·· 169
任务4　设备基础施工测量 ·· 175
自我测试 ·· 181

项目七　民用建筑主体施工测量 ··· 182
任务1　建筑物的轴线投测 ·· 182
任务2　建筑物的高程传递 ·· 189
自我测试 ·· 192

项目八　厂房构件安装测量 ·· 193
任务1　柱子安装测量 ··· 193
任务2　吊车梁安装测量 ·· 199
任务3　吊车轨道安装测量 ·· 205
任务4　屋架安装测量 ··· 209
自我测试 ·· 214

项目九　建筑物的变形监测 ·· 215
任务1　建筑物沉降观测 ·· 217
任务2　建筑物倾斜观测 ·· 223
任务3　建筑物位移观测 ·· 227
自我测试 ·· 232

项目十　卫星定位测量 ··· 233
任务　GPS-RTK点位测量和放样 ··· 233
自我测试 ·· 245

参考文献 ··· 246

"建筑工程测量"课程教学大纲 ··· 247

项目一　背 景 知 识

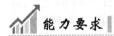

1. 知道确定地面点位的坐标系统。
2. 知道地形图的基本知识。
3. 知道地物与地貌(地物符号、地貌等高线、注记)的表示方法。

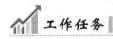

看懂地形图。

任务　看懂地形图

一、资讯

测量学是一门研究地球表面形状、大小以及确定地面点位的科学。测量学按照研究范围和对象的不同,有许多分支,如大地测量学、地图制图学、摄影测量学、工程测量学等。其中,工程测量学是主要研究各类工程建设在其规划设计、施工建设和运营管理阶段所进行的各种测量工作的理论、技术和方法的学科。各类工程建设包括:工业建设、铁路、公路、桥梁、隧道、水利工程、地下工程、管线(输电线、输油管)工程、矿山和城市建设等。建筑工程测量是工程测量学的一个组成部分。它主要研究建筑工程在勘测、设计、施工和管理各阶段所进行的各项测量工作中所应用的测量仪器工具、采用的测量技术与测量方法。

测量学包括测定和测设两部分内容。测定又称测图,是指使用测量仪器和工具,通过测量和计算将地面上局部区域的各种固定性物体(地物,如房屋、道路、河流等)以及地面的起伏形态(地貌),按一定的比例尺和特定的图例符号缩绘成图。地形图是地图的一种,地形图能比较详细地表示地表信息,其应用甚广。测设又称放样,是指使用测量仪器和工具,按照设计要求,采用一定的方法,将设计图纸上设计好的建筑物、构筑物的位置在地面上标定出来,作为施工依据,指导施工。

测量工作的基本任务就是确定地面点的位置。要看懂一张地形图,首先要知道确定地面点位的坐标系统和一些地形图的基本知识。

1. 确定地面点位的坐标系统

测量工作是在地球表面进行的,而地球自然表面很不规则,有高山、丘陵、平原和海洋。由于海洋约占整个地球表面的71%,因此,人们把海水面所包围的地球形体看作地球的形状。

如图1-1所示,由于地球的自转运动,地球上任一点都要受到离心力和地球引力的作用,它们的合力称为重力。重力的方向线称为铅垂线。海水面向陆地延伸形成的封闭曲面称为水准面。水准面是受地球重力影响而形成的,是一个处处与重力方向垂直的连续曲面。与水准面相切的平面称为水平面。由于海水面可高可低,因此水准面有无数个。通过平均海水面并向陆地延伸形成的封闭曲面称为大地水准面。通常用大地水准面的形状来表示整个地球的形状,由大地水准面所包围的形体称为大地体。

铅垂线是测量工作的基准线。大地水准面是测量工作的基准面。

但由于地球内部物质分布不均匀,从而使地面上各处的铅垂线方向产生不规则变化,即地球重力场是不规则的,大地水准面是一个复杂的曲面。大地水准面不能用一个简单的几何形体和数学公式来表达,因而在大地水准面上进行测量数据处理就非常困难。为了处理测量成果而采用的一种与地球大小、形状最接近,并具有一定参数的地球椭球称为参考椭球,参考椭球是一个旋转椭球体。参考椭球的表面称为参考椭球面,大地测量在极复杂的地球表面进行,而处理测量结果均以参考椭球面作为基准面。

确定地面点的空间位置需用3个量。在工程测量中,通常是将各地面点 A、B、C、D 等沿铅垂线方向投影到大地水准面上,得到 a、b、c、d 等投影点。地面点 A、B、C、D 的空间位置,就可用 a、b、c、d 等投影点的位置在大地水准面上的坐标及其到 A、B、C、D 的铅垂距离 H_A、H_B、H_C、H_D 来确定,如图1-2所示。

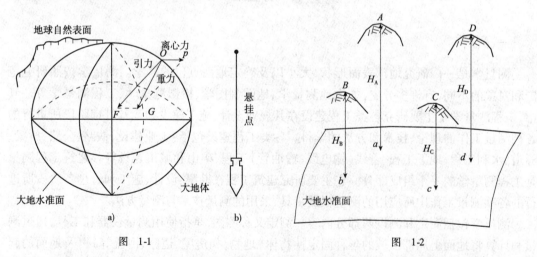

图 1-1

图 1-2

(1)地面点在投影面上的坐标

由于地球是空间的一个球体,地面点在地球椭球面上的坐标一般用球面坐标大地经度、大地纬度(L,B)表示。但为了实用方便,在大地测量和地图制图中常采用平面直角坐标系。平面直角坐标是指采用一定的地图投影方法,把参考椭球面上的点、线投影到平面上,然后建立相应的平面直角坐标系,以表示地面点的位置。当测区范围较小时也可以不考虑地球曲率对距离的影响,而以这个区域的中心点的切平面来代替曲面,并在该面上建立平面直角坐标系,用来确定地面点的平面位置。

如图 1-3 所示,在小区域测量(一般面积在 $15km^2$ 以下)上的平面直角坐标系,以南北方向的纵轴为 x 轴,自原点向北为正,向南为负;以东西方向的横轴为 y 轴,自原点向东为正,向西为负,象限按顺时针方向编号。为了使测区内的每一点的坐标值都是正值,一般将坐标原点选在测区的西南角。地面上某点 P 的平面位置可用 (x_P, y_P) 表示。可以看出,测量中的直角坐标系与数学中的坐标系不同,由于测量工作中以极坐标表示点位时,其角度值是以北方向为准按顺时针方向计算的,把 x 轴和 y 轴互换后,数学中的三角公式可直接应用到测量上,而不需作任何变更。

(2)地面点的高程坐标

地面点到大地水准面的铅垂距离,称为该点的绝对高程或海拔,简称高程,通常以 H 表示。两点间的高程差,称为高差,用 h 表示。我国在青岛设立国家验潮站,长期观测和记录黄海海水面的高低变化,取其平均值作为大地水准面的位置(其高程为零),并在青岛观象山建立了水准原点。目前,我国采用"1985 国家高程基准",青岛水准原点的高程为 $72.260m$,如图 1-4 所示。

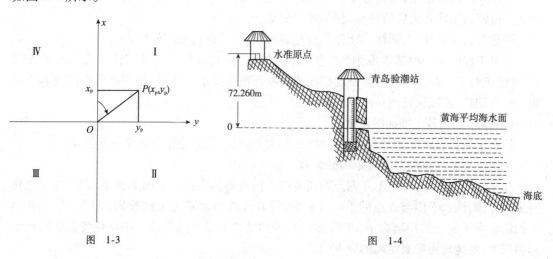

图 1-3　　　　　　　　　　　　图 1-4

当在局部地区引用绝对高程有困难时,也可假定任意一个水准面作为高程基准面,如图 1-5 所示。地面点至假定水准面的铅垂距离,称为该点的相对高程或假定高程,通常以 H' 表示。在建筑施工测量中,常选定底层室内地坪面为该工程地面点高程起算的基准面,记为 ±0.000,建筑物某部位的标高,是指某部位的相对高程,即某部位距室内地坪 ±0.000 的垂直距离。

(3)确定地面点位的三个基本要素

由前所述,地面点位的确定是测量工作的根本任务。点位是由点的平面坐标 X、Y 与高程坐标 H 所决定的。而点的平面坐标 X、Y 与高程坐标 H 并不能直接测定出来,而是间接测定的,或者说是通过计算传递过来的。如图1-6所示,为了测算地面点的坐标,要测量的是地面点投影到水平面以后投影点之间组成的水平角 β_a、β_b、β_c、β_d 和水平距离 D_{ab}、D_{bc}、D_{cd}、D_{da} 以及水平面上 ab 直线与指北方向间的夹角 α(称方位角),再根据已知点 A 的坐标就可以计算出 B、C、D 各点的坐标。通过测定 A、B、C、D 各点间的高差 h_{AB}、h_{BC}、h_{CD}、h_{DA},再根据已知点 A 的高程就可以计算出 B、C、D 各点的高程。

由此可见,水平距离、水平角和高程是确定地面点位置的三个基本要素。水平距离测量、水平角测量和高差测量是测量的三项基本工作。

(4)测量工作的原则

无论是测绘地形图或是施工放样,都不可避免地会产生误差,甚至还会产生错误。为了限制误差的传递,保证测区内一系列点位之间具有必要的精度,测量工作都必须遵循"从整体到局部、先控制后碎部、由高级到低级"的原则。

在测绘地形图时,首先在整个测区内,选择若干个起着整体控制作用的点作为控制点,用较精密的仪器和方法,精确地测定各控制点的平面位置和高程位置的工作称为控制测量。这些控制点测量精度高,均匀分布整个测区。然后以控制点为依据,用低一级精度测定其周围局部范围的地物和地貌特征点,称为碎部测量。

在建筑施工放样时,同样必须先进行控制测量,然后进行细部放样。

测量工作的另一项基本原则是"边工作边检核"。只有在前一项工作经检核正确无误后,才能进行下一步工作。一旦发现错误或达不到精度要求的成果,必须找出原因或返工重测。只有这样,才能保证测量成果的质量。

(5)水平面代替水准面的限度

用水平面代替水准面,使测量和绘图工作大为简化,当然也由此带来一定影响。

①用水平面代替水准面对距离的影响

如图1-7所示,地面上 A、B 两点沿铅垂线方向投影到大地水准面上得 A'、B'。过 A' 点作一水平面,则该水平面与 A 点的铅垂线正交,设 B 点在该水平面上的投影为 B''。设 A、B 两点投影在水平面上的距离为 D,其弧长为 S,则两者之差 ΔD 就是用水平面代替水准面所引起的误差,即地球曲率对距离的影响值。

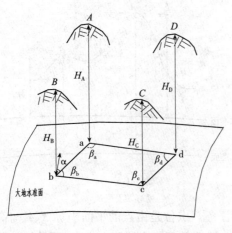

图 1-6

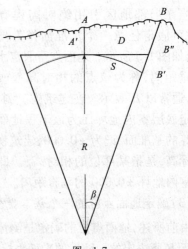

图 1-7

$$D = R\tan\beta \quad S = R\beta$$

$$\Delta D = D - S = R\tan\beta - R\beta$$

$$= R(\beta + \frac{1}{3}\beta^3 + \cdots - \beta)$$

$$= \frac{1}{3}\frac{S^3}{R^2}$$

$$\frac{\Delta D}{S} = \frac{S^2}{3R^2}$$

取 $R = 6371\text{km}$,以不同 S 值代入上式,可得出距离误差 ΔD 及相对误差 $\Delta D/S$,如表 1-1 所示。

用水平面代替水准面对距离的影响 表 1-1

距离 S(km)	距离误差 ΔD(cm)	相对误差 $\Delta D/S$
10	0.8	1/1217700
20	6.6	1/303300
50	102.7	1/48700

由表 1-1 可知,当 $S = 10\text{km}$ 时,用水平面代替水准面所引起的误差为距离的 1/1217700。这样微小的误差,在测量距离时是允许的。由此可以得出结论:在半径为 10km 的测区范围内进行距离测量时,用水平面代替水准面所产生的距离误差可忽略不计。

②用水平面代替水准面对高程的影响

如图 1-7 中,B 点的高程应为 BB',如用过 A' 的水平面代替水准面后,则 B 点的高程为 BB'',两者之差 $B'B''$ 即为用水平面代替水准面所引起的高程误差。

设 $B'B'' = \Delta h$,则

$$R^2 + D^2 = (R + \Delta h)^2$$

$$D^2 = 2R\Delta h + \Delta h^2$$

$$D^2 = \Delta h(2R + \Delta h)$$

$$\Delta h = \frac{D^2}{2R + \Delta h}$$

由于 Δh 较小,与 $2R$ 相比可忽略不计;S 与 D 相差很小,以 S 代替 D,则

$$\Delta h = \frac{S^2}{2R}$$

用不同的距离 S 代入上式,则得相应的高程误差值,见表 1-2。

用水平面代替水准面对高程的影响 表 1-2

距离 S(km)	0.05	0.1	0.5	1	2	5	10
高程误差 Δh(cm)	0.02	0.08	2	8	31	196	785

由表 1-2 可知,用水平面代替水准面,在距离 500m 内就有 2cm 的高程误差。由此可见,地球曲率对高程测量的影响很大。因此在高程测量中,即使在较短的距离内,也应考虑地球

曲率对高程的影响。

2. 地形图的基本知识

(1) 地形图及地形图的比例尺

地形图是将一定范围内的地物和地貌特征点按规定的比例尺和图式符号测绘到图纸上而形成的正射投影图。

地形图上某一线段的长度与地面上相应线段的实际水平距离之比，称为该地形图的比例尺。地形图的比例尺可分为数字比例尺和图示比例尺。

数字比例尺用分子为1的分数形式表示。设图上一直线段的长度为d，其实际水平距离为D，则该图的比例尺为：

$$\frac{d}{D} = \frac{1}{\frac{D}{d}} = \frac{1}{M}$$

建筑工程中常用1∶10000、1∶5000、1∶2000、1∶1000、1∶500的大比例尺的地形图。

图1-8所示为1∶2000的图示比例尺。绘制时先在图上绘两条平行线，它一般长为12cm，再分成若干等份，称为比例尺的基本单位，一般为2cm；最左端的一个基本单位又分十等份。在基本单位分划处根据比例尺的大小，注记相应的数字，其所注记的数字即为以"m"为单位的实地水平距离。

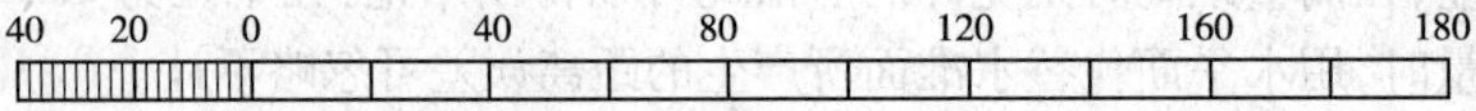

图 1-8

一般认为人的肉眼能分辨图上的最小距离为0.1mm，因此通常把图上0.1mm所代表的实地水平距离，称为比例尺精度，如表1-3所示。根据比例尺的精度，可以确定在测图时量距应准确到什么程度。例如，已知测图比例尺为1∶2000，实地量距只需精确到0.2m就可以了，因为量得再精确在图上也表示不出来。另一方面，当已知工程要求距离达到某一定的精度时，可以确定测图比例尺。例如某工程要求在图上能反映出实地上0.1m距离的精度，则应选用1∶1000的测图比例尺。测图比例尺越大，其表示的地物、地貌越详细，精度越高，但所用的成本也越高。因此，在选择比例尺时，既要考虑测图精度要求又要经济合理。

比 例 尺 精 度　　　　　　　　　　表1-3

比例尺	1∶500	1∶1000	1∶2000	1∶5000
比例尺精度(m)	0.05	0.10	0.20	0.50

(2) 地形图的分幅和编号

为了便于管理和使用地形图，需要将各种比例尺的地形图进行统一的分幅和编号。分幅方法可分为两类：一类是按经纬线分幅的梯形分幅法（又称为国际分幅），用于国家基本地形图的分幅；另一类是按坐标格网分幅的矩形分幅法，用于城市或工程建设中大比例尺地形图分幅。大比例尺地形图分幅方法基本上是按直角坐标格网划分的矩形分幅法，但有时某些特殊工程也采用独立地区图幅分幅法。下面介绍矩形分幅法和独立地区图幅分幅法。

一幅1∶5000地形图图幅大小可采用40cm×40cm，表示实地面积4km²。1∶2000、1∶1000

和 1∶500 地形图图幅大小通常采用 50cm×50cm,其表示的实地面积、图幅数见表 1-4。

地形图的图幅和分幅数　　　　　　　表 1-4

比例尺	图幅大小(cm)	实地面积(km^2)	1∶5000 图幅内的分幅数
1∶5000	40×40	4	1
1∶2000	50×50	1	4
1∶1000	50×50	0.25	16
1∶500	50×50	0.0625	64

大比例尺地形图采用矩形分幅时,1∶5000 地形图常取其图幅西南角的坐标千米数作为图幅编号。例如,某图幅西南角的坐标 $x=3550.0$km,$y=533.0$km,则其编号为"3550.0-533.0"。采用此法编号时,比例尺为 1∶500 地形图,坐标值取至 0.01km,而 1∶2000、1∶1000 地形图取至 0.1km。

某些工矿企业和城镇,面积较大,而且绘有几种不同比例尺的地形图,编号时以 1∶5000 地形图为基础,并作为包括在本图幅中的较大比例尺图幅的基本图号。例如图 1-9a)所示 1∶5000 地形图,西南角坐标 $x=20$km,$y=30$km,则其编号为"20-30"。将该 1∶5000 地形图作四等分,得到四幅 1∶2000 比例尺的地形图。那么,在 1∶5000 地形图图号之后加上 1∶2000 地形图相应的代号 Ⅰ、Ⅱ、Ⅲ、Ⅳ 作为 1∶2000 地形图的编号。如图 1-9b)所示,画阴影线的 1∶2000 图幅编号为"20-30-Ⅲ"。每幅 1∶2000 地形图又可分为四幅 1∶1000 地形图;一幅 1∶1000 地形图再分成四幅 1∶500 地形图,其附加的各自代号均取罗马字 Ⅰ、Ⅱ、Ⅲ、Ⅳ。如图 1-9b)所示,画阴影线的 1∶1000 图幅、1∶500 图幅编号分别为"20-30-Ⅱ-Ⅰ"和"20-30-Ⅰ-Ⅰ-Ⅰ"。

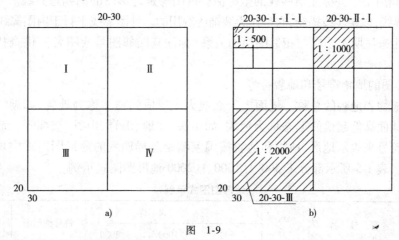

图　1-9

(3)地形图的图外注记

地形图的图外注记包括图名、图号、图廓、接图表、比例尺、坐标系统、高程系统、测图日期、测绘单位及人员等,如图 1-10 所示。

图名即本图幅的名称。通常用本图幅内重要的地名、村庄、厂矿企业或突出的地物来命名,如图 1-10 中的热电厂。

每幅地形图上都编有图号,标注在图名下方,如图 1-10 中的 10.0-21.0。

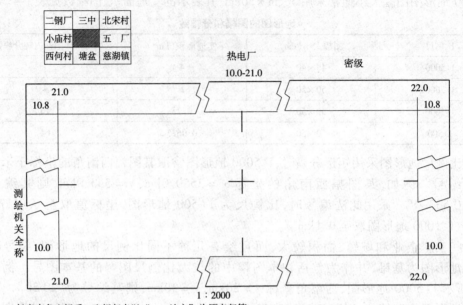

图 1-10

图廓是图幅四周的边界线。矩形分幅的地形图有内、外图廓之分。内图廓上按 10cm 长度绘有纵横坐标格网线,并标注格网线的坐标值。内图廓是地形图的图幅边界线。外图廓为图幅的最外边界线,以粗实线描绘,它是作为装饰美观用的。外图廓线平行于内图廓线。

接图表用来注明本图幅与相邻图幅的关系(标注其四邻图号或图名),供查找相邻图幅使用。

(4)地形图的地物符号和地貌符号

地形是地物和地貌的总称。地面上天然或人工形成的物体称为地物,如湖泊、河流、房屋、道路等;地面高低起伏的形态称为地貌,如山头、盆地、山脊、山谷、鞍部等。地形图上用地物和地貌符号来表示地形,地物和地貌按国家测绘总局颁发的地形图图式中规定的符号表示于图上。表 1-5 所示部分 1∶500、1∶1000、1∶2000 地形图图式示例。

地形图图式示例　　　　　　　　　表 1-5

编号	符号名称	符号式样			符号细部图	多色图色值
		1∶500	1∶1000	1∶2000		
4.1.1	三角点 a. 土堆上的张湾岭、黄土岗——点名; 156.718、203.623——高程; 5.0——比高	3.0 △ 张弯岭/156.718 a 5.0 △ 黄土岗/203.623			1.0 △ 0.5 1.0	K100

续上表

编号	符号名称	符号式样 1:500	符号式样 1:1000	符号式样 1:2000	符号细部图	多色图色值
4.1.2	小三角点 a. 土堆上的摩天岭、张庄——点名； 294.91、156.71——高程； 4.0——比高	3.0 ▽ $\dfrac{摩天岭}{294.91}$		a 4.0 ▽ $\dfrac{张庄}{156.71}$	1.0 ... 0.5 ... 1.0	K100
4.1.3	导线点 a. 土堆上的Ⅰ16、Ⅰ23——等级、点号； 84.46、94.40——高程； 2.4——比高	2.0 ⊙ $\dfrac{Ⅰ16}{84.46}$		a 2.4 ⊙ $\dfrac{Ⅰ23}{94.40}$		K100
4.1.4	埋石图根点 a. 土堆上的12、16——点名； 275.46、175.64——高程； 2.5——比高	2.0 ⊡ $\dfrac{12}{275.46}$		a 2.5 ⊡ $\dfrac{16}{175.64}$	2.0 ... 0.5 ... 0.5 ... 1.0	K100
4.1.5	不埋石图根点 19——点名； 84.47——高程	2.0 ⊡ $\dfrac{19}{84.47}$				K100
4.1.6	水准点 Ⅱ——等级； 京石5——点名及点号； 32.805——高程	2.0 ⊗ $\dfrac{Ⅱ京石5}{32.805}$				K100
4.1.7	卫星定位等级点 B——等级； 14——点号； 495.263——高程	3.0 △ $\dfrac{B14}{495.263}$				K100
4.3.1	单幢房屋 a. 一般房屋 b. 有地下室的房屋 c. 突出房屋 d. 简易房屋 混、钢——房屋结构； 1、3、28——房屋层数； -2——地下房屋层数	a 混1 0.5 b 混3-2 2.0 1.0 c 钢28 d 简			3 1.0 c ▨28	K100
4.3.2	建筑中房屋	建				K100

续上表

编 号	符 号 名 称	符 号 式 样 1:500	1:1000	1:2000	符号细部图	多色图色值
4.3.3	棚房 a. 四边有墙的 b. 一边有墙的 c. 无墙的	a b c		1.0 1.0 1.0 1.0 0.5		K100
4.3.4	破坏房屋		破 2.0 1.0			K100
4.3.5	架空房 3、4——楼层； /1、/2——空层层数	混凝土4 混凝土/1 混凝土4 2.5 0.5		4 3/2 4 2.5 0.5		K100
4.3.6	廊房 a. 廊房 b. 飘楼	a 混3 1.0 2.5 0.5	b	混3 2.5 0.5		K100
4.3.93	地下建筑物出入口 a. 地铁站出入口 a1. 依比例尺的 a2. 不依比例尺的 b. 建筑物出入口 b1. 出入口标识 b2. 敞开式的 b2.1 有台阶的 b2.2 无台阶的 b3. 有雨棚的 b4. 屋式的 b5. 不依比例尺的	a a1 D b b1 V b2.2 b4 V 砖		a2 D b2.1 b2 V b3 V 2.5 1.8 V	a2 D 3.0 1.8 0.2 1.4 b1 2.5 1.8 V 1.2	K100
4.3.94	地下建筑物通风口 a. 地下室的天窗 b. 其他通风口	a b 2.6 ⊘ 1.6			1.4 4.2	K100
4.3.95	柱廊 a. 无墙壁的 b. 一边有墙壁的	a 0.5 1.0 b		1.0		K100

续上表

编 号	符 号 名 称	符 号 式 样 1:500	1:1000	1:2000	符号细部图	多色图色值
4.3.96	门顶、雨罩 　a. 门顶 　b. 雨罩	a		b 混5 雨		K100
4.3.97	阳台		砖5			K100
4.3.98	檐廊、挑廊 　a. 檐廊 　b. 挑廊		a 混凝土4 b 混凝土4			K100
4.3.99	悬空通廊	混凝土4		混凝土4		K100
4.3.100	门洞、下跨道		砖 5			K100
4.3.101	台阶					K100
4.3.102	室外楼梯 　a. 上楼方向		混凝土8			K100
4.3.103	院门 　a. 围墙门 　b. 有门房的	a		砖		K100
4.3.104	门墩 　a. 依比例尺的 　b. 不依比例尺的	a b				K100

续上表

编号	符号名称	符号式样 1:500	符号式样 1:1000	符号式样 1:2000	符号细部图	多色图色值
4.3.105	支柱、墩、钢架 a. 依比例尺的 b. 不依比例尺的	a1 ○ a2 0.5 ⊝ :: 1.0 b1 ○ 1.0	□ ▭ □ 1.0	○ ○ b2 ■ 1.0		K100
4.3.106	路灯		⊤ ○		1.4 2.8 ⊤ 0.3 ○ 0.8 1.0	K100
4.3.107	照射灯 a. 杆式 b. 桥式 c. 塔式	b ▶─○─◀	a ⊤ ○ c ⊠ 2.0		1.6 4.0 ⊤ 1.6 ○	K100
4.3.108	岗亭、岗楼 a. 依比例尺的 b. 不依比例尺的	a 🏛		b 🏛	90° 2.5 △ 1.4 1.2	K100
4.3.109	宣传橱窗、广告牌 a. 双柱或多柱的 b. 单柱的	a 1.0 ▭ 2.0 b 3.0 ▭			3.0 1.0 ▭ 2.0 ○ 1.0	K100

① 地物符号

地物符号分为比例符号、非比例符号、线形符号和地物注记。

a. **比例符号**。有些地物轮廓较大,如房屋、湖泊等,它们的形状和大小可以按测图比例尺缩小,并用规定的符号绘在图纸上,这种符号称为比例符号。

b. **非比例符号**。有些地物轮廓较小,如水准点、独立树、电杆等,它们的轮廓无法按测图比例尺直接缩绘到图纸上,因此,在绘图时不考虑它们的实际尺寸,而采用规定的符号表示,这种符号称为非比例符号。

非比例符号的中心位置与该实际地物的中心位置关系,随各种不同的地物而异,须注意以下事项:规则几何图形符号,如导线点、钻孔等,其图形的几何中心即代表地物的中心位置;宽底符号,如岗亭、水塔等,其符号底线的中心为地物的中心位置;底部为直角的符号,如独立树等,其符号底部的直角顶点为地物的中心位置。

c. 线形符号。某些带状的狭长地物,如铁路、电线、管道等,其长度可以按比例尺缩绘,但宽度不能按比例尺缩绘表示,这种符号称为线形符号或半比例符号。

d. 地物注记。当应用上述这些符号还不能清楚表达地物时(如河流的流速、农作物、森林种类等),而采用文字、数字或特有符号加以说明的称之为地物注记。

②地貌符号

在测量中通常用等高线表示地貌。等高线是地面上高程相同的相邻点连成的闭合曲线。如图1-11所示,假设一高程为100m的水平面与山体相交,交线即为100m的等高线;同理可得到高程为90m、80m的水平面与山体的相交线,这样可得到一组高差为10m的等高线。把这一组等高线沿铅垂线方向投影到同一水平面上,并按规定的比例尺缩小画在图纸上,就得到用等高线表示该山体地貌的等高线图。显然,地面的高低起伏状态决定了图上的等高线形态。

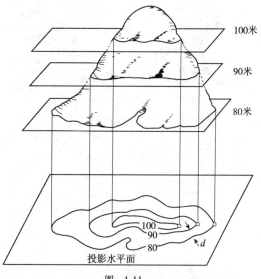

图 1-11

两条相邻等高线间的高差称为等高距(或基本等高距),常用 h 表示。两条相邻等高线间的水平距离称为等高线平距,常用 d 表示。在同一幅地形图上等高距是相同的。等高线平距则随地面坡度的变化而改变。坡陡则等高线密,等高线平距就越小;坡缓则等高线疏,等高线平距就越大。

地形图上等高距是按测图比例尺和测区的地形类别选择,图上按基本等高距绘制的等高线称为首曲线。每隔4条首曲线加粗的1条等高线称为计曲线,在计曲线上注记高程。对于坡度较缓的地方,基本等高线不足以表示出其局部地貌特征时,按1/2基本等高距绘制的等高线称为间曲线。按1/4基本等高距绘制的等高线称为助曲线。间曲线通常用虚线在图上绘出。

尽管地球表面的高低起伏变化复杂,但不外乎由山丘、洼地、山脊、山谷、鞍部等几种典型地貌组成。

如图1-12所示,典型地貌中地表隆起并高于四周的高地称为山丘。山丘由山顶、山坡、山脚等组成。洼地是四周较高,中间凹下的低地。较大的洼地称为盆地。

山丘上线状延伸的高地为山脊。山脊的棱线称山脊线。两山脊之间的凹地为山谷。山谷最低点的连线称山谷线或集水线。

鞍部一般指山脊线与山谷线的交会之处,是在两山峰之间呈马鞍形的低凹部位。

坡度在70°以上的山坡称为陡崖。陡崖处等高线非常密集甚至重叠,可用陡崖代替等高线。下部凹进的陡崖称悬崖。悬崖的等高线投影到地形图上会出现相交情况。

图 1-12

二、下达工作任务(表1-6)

工 作 任 务 表   表1-6

任务内容:看懂地形图		
小组号		场地号
任务要求: 结合具体地形图,找到该地形图的图名、比例尺、图上的地物、地貌和图上指定点的坐标	工具: 地形图一张;尺子;量角器;记录板1块	组织: 1. 全班按每小组4~6人分组进行,每小组推选一名组长和一名副组长; 2. 组长总体负责本组人员的任务分工,要求组内各成员能相互配合、协调工作; 3. 副组长负责仪器和资料的借领、归还和安全管理等事务
组长:_____ 副组长:_____ 组员:_____		
		日期:____年____月____日

三、制订计划(表1-7)

任 务 分 工 表　　　　　　　　　　　　　　　　　　表1-7

小组号		图号	
分　工　安　排			
序号	识图者		记录者

四、实施计划,并完成记录(表1-8)

实施计划记录表　　　　　　　　　　　　　　　　表1-8

序号	地形图图外注记	
1	比例尺	
2	图名	
3	图号	
4	接图表	

序号	地形图图式符号	
	符号名称	图例
1		
2		
3		
4		
5		
6		
7		
8		
9		

续上表

点号	坐标		
	X	Y	H
1			
2			
3			
4			
5			
6			
7			

五、自我评估与评定反馈

1. 学生自我评估(表1-9)

学生自我评估表　　　　　　　　　　　　　　　　表1-9

实训项目					
小组号		场地号		实训者	
序号	检查项目	比重分	要求		自我评定
1	任务完成情况	40	按要求按时完成实训任务		
2	实训记录	20	记录规范、完整		
3	实训纪律	20	不在实训场地打闹,无事故发生		
4	团队合作	20	服从组长的任务分工安排,能配合小组其他成员工作		
实训反思:					

小组评分:_____　　　　　　　　　　　　　组长:_____

2. 教师评定反馈(表1-10)

教师评定反馈表　　　　　　　　　　　　　　　　表1-10

实训项目					
小组号		场地号		实训者	
序号	检查项目	比重分	要求		考核评定
1	任务完成速度	20	按时完成实训		
2	实训记录	10	记录规范,无涂改		
3	实训纪律	10	不在实训场地打闹,无事故发生		

续上表

序号	检查项目	比重分	要　　求	考核评定
4	实训成果	40	计算正确,成果符合限差要求	
5	团队合作	20	小组各成员能相互配合,协调工作	

存在问题：

考核教师：_____　　　　　　　_____年___月___日

自我测试

1. 工程测量的任务是什么？其内容包括哪些？
2. 什么是大地水准面？它在测量中有何作用？
3. 测量上的平面直角坐标系与数学上的平面直角坐标系有何不同？为什么？
4. 什么叫绝对高程？什么叫相对高程？两点间的高差值与起算高程的基准面有无关系？
5. 确定地面点位置的三个基本要素是什么？测量的三项基本工作是什么？
6. 何谓比例尺精度？它对测图和用图有何作用？

项目二　高程控制测量

能力要求

1. 知道水准测量原理。
2. 会实施水准测量的外业工作(观测、记录和检核)及内业数据处理工作(高差闭合差的调整),同时知道水准测量的误差来源及施测中的注意事项。
3. 会测设高程。
4. 知道水准仪的检验方法。
5. 会建立高程控制网,会实施四等水准测量观测。

工作任务

1. 操作水准仪。
2. 实施水准测量。
3. 整理水准测量成果。
4. 高程放样。
5. 检验与校正微倾式水准仪。
6. 建立高程控制网。

任务1　操作水准仪

一、资讯

确定地面点高程的测量工作,称为高程测量。根据所使用的仪器和施测方法的不同,高程测量分为水准测量、三角高程测量、气压高程测量和 GPS 高程测量等。其中,水准测量是高程测量中最精密、最常用的方法。本项目主要介绍水准测量方法。

1. 水准测量原理

水准测量是利用水准仪提供的"水平视线",并借助水准尺,测定两点间高差,从而由已知点高程推算出未知点高程的一种高程测量方法。

如图 2-1 所示,已知 A 点高程为 H_A,欲测定 B 点的高程,可在 A、B 两点上分别竖立水准标尺(简称水准尺),并在 A、B 两点间安置水准仪,照准 A 点水准尺,利用水准仪提供的水平视线读出水准尺上的读数 a，再照准 B 点水准尺，用水准仪的水平视线读出水准尺上的读数 b，则 B 点对于 A 点的高差为：

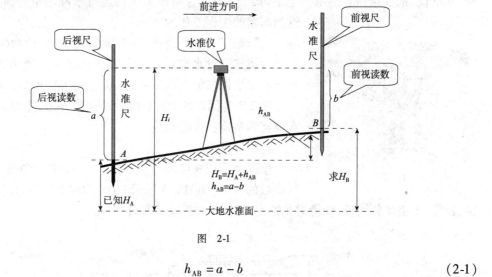

图 2-1

$$h_{AB} = a - b \tag{2-1}$$

在施测过程中，A 点为已知高程点，B 点为待测高程点，测量是由 A 点向 B 点进行的，故称 A 点为后视点，B 点为前视点；a 为后视读数，b 为前视读数。用文字表述式(2-1)，则为：两点间高差等于后视读数减去前视读数。

高差有正、负之分。当 h_{AB} 为正值时，即表示前视点 B 比后视点 A 高；h_{AB} 为负值时，表示 B 点比 A 点低。在计算高程时，高差应连同其符号一并运算。同时，在书写 h_{AB} 时，必须注意 h_{AB} 的下标 AB 是表示 B 点相对于 A 点的高差。若高差写作 h_{BA}，则表示 A 点相对于 B 点的高差，与 h_{AB} 的绝对值是相等的，但符号相反。

根据求得的待测点与已知点之间的高差，可计算得待测点高程为：

$$H_B = H_A + h_{AB} = H_A + (a - b) \tag{2-2}$$

上述利用高差计算待测点高程的方法，叫高差法。

由图 2-1 还可以知道，H_i 是仪器水平视线的高程，B 点的高程也可通过 H_i 求得：

$$H_i = H_A + a = H_B + b$$

$$H_B = H_i - b \tag{2-3}$$

利用式(2-3)，通过仪器视线高程计算待测点高程的方法，叫仪高法。当安置一次仪器要求确定若干个待测点高程时，仪高法比高差法方便。

2. 水准测量的仪器和工具

为水准测量提供一条水平视线的仪器称为水准仪。工具有水准尺和尺垫。

水准仪的型号有很多。按精度不同有 DS_{05}、DS_1、DS_3 和 DS_{10} 四个等级；按构造不同有微倾式水准仪、自动安平水准仪和数字水准仪。在本项目中主要介绍 DS_3 型微倾式水准仪的构造和使用。自动安平水准仪可以参考仪器的构造说明书自学。

(1) DS_3 型微倾式水准仪

建筑工程测量中应用最广泛的是 DS_3 型微倾式水准仪。"D"和"S"分别为"大地测量"和"水准仪"的汉语拼音的第一个字母,"3"表示为用该类仪器进行水准测量时,每千米往、返测高差的中误差值为 ±3mm。

图 2-2

"微倾式"是指仪器上设有微倾装置,转动微倾螺旋,可使望远镜连同管水准器在垂直面内作同步的微小仰俯运动,直至管水准器气泡精确居中,以确定仪器提供水平视线。

图 2-2 为国产的 DS_3 型微倾水准仪外形,主要由望远镜、水准器和基座三部分组成。

①望远镜

望远镜是用来照准目标,提供水平视线并在水准尺上进行读数的装置,如图 2-3 所示。DS_3 型水准仪望远镜主要由物镜、目镜、十字丝分划板、物镜对光螺旋、目镜对光螺旋等部件组成。

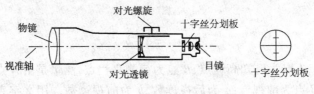

图 2-3

调节目镜对光螺旋(又称调焦)可以使十字丝清晰,并将成像在十字丝分划板的物像连同十字丝一起放大成虚像。观测者在看清十字丝的同时还能清晰地照准目标。

十字丝交点与物镜光心的连线,称为视准轴。视准轴的延长线就是我们通过望远镜瞄准远处目标的视线。因此,当视准轴水平时,通过十字丝交点看出去的视线就是水准测量原理中提到的水平视线。

②水准器

水准器是用来判别仪器的竖轴是否铅垂(竖直)、视准轴是否水平的装置。水准器分圆水准器和管水准器两种形式。

圆水准器又称水准盒,如图 2-4 所示。其顶面内壁磨成球面,中央刻有小圆圈,其圆心为圆水准器零点。过零点的球面法线 $L'L'$ 称为圆水准器轴。当气泡中心与零点重合时,表示气泡居中。此时,圆水准器轴处于铅垂位置。气泡中心每偏离 2mm,轴线所倾斜的角度称为圆水准器分划值,一般为 $8' \sim 10'$。圆水准器的作用只能用于粗略整平仪器。

管水准器又称水准管,如图 2-5 所示。它是一纵向内壁磨成圆弧形的玻璃管,管内装酒精和乙醚的混合液,加热封口冷却后形成气泡,由于气泡较液体轻,恒处于管内最高位置。

水准管上一般刻有数条间隔 2mm 的分划线,分划线的中点 O,称为水准管零点。过零点作水准管圆弧的切线 LL,称为水准管轴。当水准管的气泡中点与水准管零点重合时,称为气泡居中,这时水准管轴 LL 处于

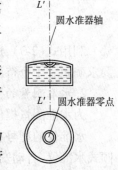

图 2-4

水平位置。

DS₃型微倾式水准仪在水准管的上方安装一组符合棱镜,通过符合棱镜的反射作用,使气泡两端的影像反映在望远镜旁的气泡观察窗中,如图2-6所示。若两端半边气泡的影像吻合,如图2-6a)所示,表示气泡居中;若两端半边气泡的影像错开,如图2-6b)所示,则表示气泡不居中。此时,应转动微倾螺旋,使气泡的半像吻合。

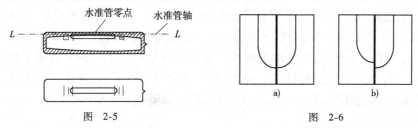

图 2-5　　　　　　　　图 2-6

③基座

基座的作用是支撑仪器的上部并与三脚架连接。它主要由轴座、脚螺旋、底板和三角压板构成。

(2)水准尺

水准尺是进行水准测量时使用的标尺,它的质量好坏直接影响水准测量精度高低。常用的水准尺有双面尺和塔尺图两种,如图2-7a)、2-7b)所示。

双面水准尺多用于三、四等水准测量,其长度有2m和3m两种,且两根为一对。尺的双面均有刻划,一面为黑白相间,称黑面;另一面为红白相间,称红面。两根尺的黑面尺底刻度均由零开始;而红面尺底刻度,一根由4.687开始,另一根由4.787开始。

塔尺多用于等外水准测量,其长度有3m和5m两种,由三节尺段套接而成,可以伸缩。尺的底部为零点,尺面为黑白格或红白格相间分划,分划格为1cm或0.5cm,于

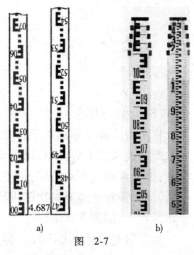

图 2-7

米和分米处均有注记。塔尺拉出使用时,一定要注意接合处的卡簧是否卡紧,数值是否连续,尺段接头处易损坏和常有对接不准的差错。当高差不大时,可只用第一节。由于携带方便,塔尺多用于建筑工程测量中。

图 2-8

(3)尺垫

尺垫一般用生铁铸成,如图2-8所示。在长距离的水准测量时,尺垫用作竖立水准尺和标志转点。尺垫中心部位凸起的圆顶,即为标尺的转点。在土质松软地段进行水准测量时,要将三个尖脚牢固地踩入地下,然后将水准尺立于圆顶上。这样,尺子在此转动方向时,高程不会改变。尺垫仅限于高程传递的转点处使用,以防止观测过程中,尺子位置改变而影响读数。

3. 水准仪的操作

（1）安置仪器

打开三脚架，使脚架的高度适中，架头大致水平后用连接螺旋将仪器牢固地连接在架头上。

（2）粗略整平

水准仪的粗平就是通过旋转脚螺旋使圆水准器气泡居中，从而使仪器大致水平。为了快速粗略整平，选好仪器安置点后，可固定脚架的两个腿，一手扶住脚架顶部，另一手握住第三条腿作前后左右移动，眼睛盯着圆水准器气泡，使之离中心不远（一般位于中心的圆圈上即可），然后固定第三条腿；再用脚螺旋粗平。粗平时气泡移动的方向与左手大拇指转动脚螺旋的方向一致（与右手大拇指转动方向相反）。如图2-9a)所示，可先转动1、2两个脚螺旋，使气泡从图a)位置转至图b)所示位置，然后再转动脚螺旋3使气泡居中。

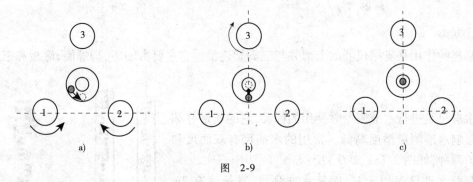

图 2-9

（3）对光与照准

将两根水准尺分别立于后视点和前视点上，把望远镜对准水准尺，进行调焦，使十字丝和水准尺成像都十分清晰，以便于读数。具体操作过程为：转动目镜对光螺旋使十字丝十分清晰；放松水准仪制动螺旋，用望远镜上的缺口和准星对准水准尺，旋紧制动螺旋固定望远镜；转动物镜对光螺旋对物镜进行调焦，使水准尺成像清晰；转动微动螺旋使十字丝竖丝位于水准尺上，如图2-10所示。

做好对光的标准是不仅目标成像清晰，而且要求必须成像在十字丝分划板平面上。如图2-11a)所示，如果对光不好，目标的影像未落在十字丝分划板平面上，当眼睛在靠近目镜端上下移动时，就会发现十字丝的横丝在水准尺上的读数也随之变动，这种现象称之为视差。若有视差，将直接影响读数的精度，必须加以消除。消除的方法是重新对光，直到眼睛上下移动，水准尺读数不变。

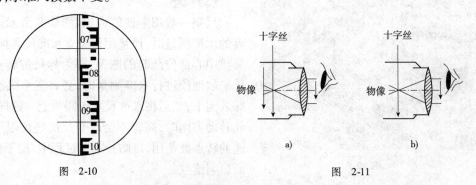

图 2-10　　　　　　　　　图 2-11

(4)精平与读数

精平即为精确整平。望远镜照准目标后,转动微倾螺旋,如图2-12所示。使水准管气泡的影像完全符合成一光滑圆弧(即气泡居中),如图2-6a)所示,从而使望远镜视准轴视线处于精确水平状态。

图 2-12

水准仪精确整平后,立即用十字丝中丝在尺上读数。读出米、分米、厘米、毫米四位数字,毫米位估读即可。由于水准仪的望远镜有正镜和倒镜之分,水准尺的数字也有正倒之分,所以读数应当从水准尺的小数向大数方向读。如图2-10中的尺读数为0.859m。

每次读数前,仪器必须严格精平;读数后,应注意查看仪器是否仍旧精平。

(5)记录计算

将观测数据记录到水准测量记录表,并计算成果。

二、下达工作任务(表2-1)

工作任务表　　　　　　　　　　表2-1

任务内容:操作水准仪			
小组号		场地号	
任务要求: 1. 认清水准仪的各个组成部件; 2. 会熟练操作水准仪		工具: DS_3型水准仪1台;水准尺1对、三脚架1个;记录板1块	组织: 1. 全班按每小组4~6人分组进行,每小组推选一名组长和一名副组长; 2. 组长总体负责本组人员的任务分工,要求组内各成员能相互配合、协调工作; 3. 副组长负责仪器的借领、归还和仪器的安全管理等事务
技术要求: 1. 仪器应安置于前、后视点中间位置; 2. 读数应读到毫米位,记录四位数字,不能省略其中的"0"; 3. 每组每人以不同仪器高观测同一前、后视点,高差之差不能超过5mm			
组长:_____　　副组长:_____　　组员:_____			
			日期:___年___月___日

三、制订计划(表2-2)

任务分工表　　　　　　　　　　表2-2

小组号		场地号		
组长		仪器借领与归还		
仪器号				
分 工 安 排				
序号	测段	观测者	记录者或计算者	立尺者

续上表

分 工 安 排				
序号	测段	观测者	记录者或计算者	立尺者

四、实施计划,并完成如下记录

1. 认识水准仪,并讨论以下部件(图2-13)的用途(表2-3)

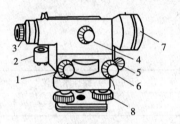

图 2-13

水准仪各部件说明表　　　　　　　　　表2-3

序号	部件	图示中的编号	用　　途
1	目镜		
2	物镜		
3	物镜对光螺旋		
4	圆水准器		
5	脚螺旋		
6	制动螺旋		
7	微动螺旋		
8	微倾螺旋		

2. 掌握以下几个动作的先后次序,用阿拉伯数字注明在(　)内

(　)旋转脚螺旋调圆水准器气泡居中。
(　)对光消除视差。
(　)瞄准水准尺。
(　)旋转目镜筒调清十字丝。
(　)读数。
(　)旋转微倾螺旋使水准管气泡居中。
(　)安置仪器。

3. 观测记录与数据整理(表2-4)

观测记录与数据整理表　　　　　　　　　　表2-4

日期_____ 天气_____ 仪器号_____

观测者_____ 记录者_____

测站	点号	后视读数(m)	前视读数(m)	高差(m)		备注
				+	−	
Σ						
辅助计算						

五、自我评估与评定反馈

1. 学生自我评估(表2-5)

学生自我评估表　　　　　　　　　　表2-5

实训项目						
小组号			场地号		实训者	
序号	检查项目	比重分	要求			自我评定
1	任务完成情况	40	按要求按时完成实训任务			
2	实训记录	20	记录规范、完整			
3	实训纪律	20	不在实训场地打闹,无事故发生			
4	团队合作	20	服从组长的任务分工安排,能配合小组其他成员工作			

实训反思:

小组评分:_____　　　　　　　　　　组长:_____

2. 教师评定反馈(表2-6)

教师评定反馈表　　　　　　　　　　　　　　　　　　　　　　　表2-6

实训项目				
小组号		场地号		实训者
序号	检查项目	比重分	要　　求	考核评定
1	操作程序	20	操作动作规范,操作程序正确	
2	操作速度	20	按时完成实训	
3	安全操作	10	无事故发生	
4	数据记录	10	记录规范,无涂改	
5	测量成果	30	计算正确,成果符合限差要求	
6	团队合作	10	小组各成员能相互配合,协调工作	

存在问题：

考核教师：　　　　　　　　　　　　　　　　　　　　　　　　　　　年　　月　　日

任务2　实施水准测量

一、资讯

1. 水准点

用水准测量方法测定的高程控制点,称为水准点,用 BM 表示。

水准点分为永久性和临时性两种。永久性水准点是国家按精度分一、二、三、四等,在全国各地建立的国家等级水准点。永久性水准点一般用石料、金属或混凝土制成,顶面设置半球状的金属标志,其顶点表示水准点的高程和位置。如图 2-14a)所示。水准点应埋设在不易损毁的坚实土质内。在城镇、厂矿区也可将水准点埋设于基础稳定的建筑物墙脚上,称之为墙上水准点。如图 2-14b)所示。水准点的高程可向当地测量主管部门索取,作为地形图测绘、工程建设和科学研究引测高程的依据。建筑工地上布设的临时性水准点(只用于一个时期而不需永久保留)通常可将大木桩(一般顶面 10cm×10cm)打入地下,桩顶钉一个半球状铁钉来标定,也可以利用稳固的地物(如坚硬的岩石、房角等)处用红油漆做标志。临时性水准点的绝对高程都是从国家等级水准点上引测的,如引测有困难,可采用相对高程。

2. 水准路线

水准测量所经过的路线,称为水准路线。为避免在测量成果中存在错误,保证测量成果达到一定的精度要求,水准测量都要根据测区的实际情况和作业要求布设成某种形式的水准路线,并利用一定的条件来检核测量成果的正确性。水准路线的布设形式主要有闭合水准路线、附合水准路线和支线水准路线三种。

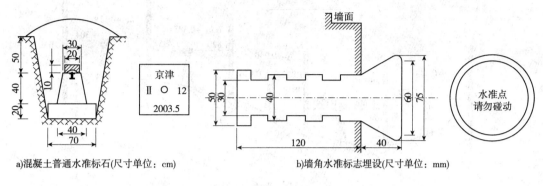

a) 混凝土普通水准标石(尺寸单位:cm)　　　　b) 墙角水准标志埋设(尺寸单位:mm)

图 2-14

（1）闭合水准路线

如图 2-15a）所示，从水准点 BM_A 出发，沿待测高程点 1、2、3、4 进行水准测量后，最后又回到原水准点 BM_A，形成的水准路线，称为闭合水准路线。

（2）附合水准路线

如图 2-15b）所示，从水准点 BM_A 出发，沿待测高程点 1、2、3 进行水准测量后，最后附合到另一个已知水准点 BM_B，这种在两个已知水准点之间的水准路线，称为附合水准路线。

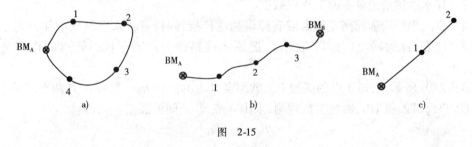

图 2-15

（3）支线水准路线

如图 2-15c）所示，从水准点 BM_A 出发，沿待测高程点 1、2 进行水准测量后，既不闭合，也不附合到其他水准点上，这种水准路线，称为支水准路线。支水准路线要进行往、返观测，以便检核。

3. 普通水准测量的外业工作

水准测量一般是从已知水准点开始，测至待测点，求出待测点的高程。

普通水准测量是精度低于四等水准测量，主要用于一般工程建设和图根高程控制的水准测量。当两点相距不远，高差不大，且视线无遮挡时，只需安置一次仪器就可测量相邻两点的高差。按式(2-1)计算两点间高差，按式(2-2)计算待测点的高程。

如图 2-16 所示水准路线，观测程序如下：

①在距水准点 BM_A（起点）和待测高程点 1 点距离大致相等的地方安置仪器作为第一站。瞄准起点 BM_A 上的水准尺读取后视读数 a_1 并记录。

②将水准尺立于 1 点，旋转望远镜瞄准 1 点之上的水准尺，读取前视读数 b_1 并记录，同时计算高差 $h_{A1} = a_1 - b_1$。

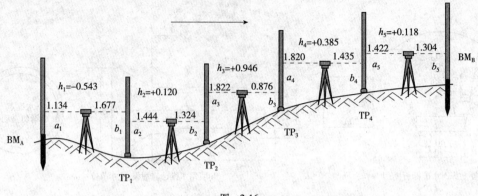

图 2-16

③考虑前后视距基本相等,安置仪器于待测高程点 1 点和 2 点中间作为第二站,瞄准 1 点处水准尺读取后视读数 a_2 并记录。

④将水准尺立于 2 点,旋转望远镜瞄准 2 点之上的水准尺,读取前视读数 b_2 并记录,同时计算高差 $h_{12}=a_2-b_2$。

⑤同法继续沿路线前进,若闭合水准测量则水准尺应回到始点;若附合水准测量,水准尺应立于终点,并读取前视读数 b_n。

⑥计算水准测量记录手簿上相应数据。

当两点间相距较远或高差较大或有障碍物遮挡视线时,可在水准路线中加设若干个临时过渡立尺点,称为转点(用 TP 表示),把原水准路线分成若干段。转点的作用是传递高程。

如图 2-16 所示,已知 A 点的高程 H_A,欲测定 B 点的高程 H_B。可在 A、B 两点间设置 4 个转点 TP_1,TP_2,TP_3 和 TP_4,通过类推观测,求出 A 点、B 点间的高差 h_{AB},即:

$$h_1 = a_1 - b_1$$
$$h_2 = a_2 - b_2$$
$$\cdots$$
$$h_5 = a_5 - b_5$$

将上述各式相加得公式

$$h_{AB} = \sum h = \sum a - \sum b \tag{2-4}$$

$$H_B = H_A + h_{AB} = H_A + \sum a - \sum b \tag{2-5}$$

从式(2-4)可以看出,A、B 两点间的高差也等于后视读数之和减去前视读数之和,该式可用于检核高差计算的正确性。

4. 水准测量外业工作实施过程中的检核

长距离水准测量工作的连续性很强,待测点的高程是通过各转点的高程传递而获得的。若在一个测站的观测中存在错误,则整个水准路线测量成果都会受到影响,所以水准测量的检核是非常重要的。在等外水准测量工作中,可以采用以下两种检核方法:

(1)计算检核

计算检核的目的是及时检核记录手簿中的高差和高程计算中是否有错误。如水准测量记录手簿所示,$\sum a - \sum b = \sum h$ 为观测记录中的计算检核式,若等式成立时,表示计算正确,否则说明计算有错误。

(2)成果检核

在水准测量过程中,由于存在仪器误差、估读误差、转点位置变动的错误、外界条件影响等,虽然在一个测站上反映不明显,但随着测站数的增多,就会使误差积累,就有可能使误差超过限差。因此为了正确判别一条水准路线的测量成果精度,应进行整个水准路线的成果检核。水准测量成果的精度是根据闭合条件来衡量的,即将路线上观测高差的代数和与路线的理论高差值相比较,用其差值的大小来判别。

①闭合水准路线

理论上,闭合水准路线各段高差代数和应等于零,即 $\sum h = 0$。若不等于零,便产生了高差闭合差,记为 $f_h = \sum h$,f_h 值应不超过规范规定的容许值。

等外水准测量的高差闭合差容许值,规定为:

平地:
$$f_{h容} = \pm 40\sqrt{L} \quad mm \tag{2-6}$$

山地:
$$f_{h容} = \pm 12\sqrt{n} \quad mm \tag{2-7}$$

式中：L——水准测量长度,以千米计；

　　　n——测站数。

②附合水准路线

理论上,附合水准路线各段实测高差的代数和应等于两端水准点间的已知高差值,即 $f_{h理} = H_{终} - H_{始}$,若不相等,则高差闭合差为:

$$f_h = \sum h - (H_{终} - H_{始})$$

③支线水准路线

支线水准路线本身没有检核条件,通常是用往、返水准测量方法进行路线成果的检核。理论上,往测高差与返测高差,应大小相等,符号相反,即 $h_{12} = -h_{21}$。

5.水准测量的误差和注意事项

水准测量过程中不可避免地产生各类误差。因此,需要通过分析水准测量误差产生原因,防止和减少各类误差,提高水准测量观测成果的质量。

影响水准测量误差的因素主要包括仪器误差、观测误差和外界条件影响等。

(1)仪器误差

①仪器检验和校正后的残余误差

水准仪在使用前虽然经过了检验与校正,但仍存在检验和校正后的残余误差。而这种误差大多数是系统性误差,可通过测量中采取一定的方法加以减弱或消除。如仪器的水准管轴与视准轴不严格平行,如图2-17所示,存在 i 角误差。这种误差的大小与仪器至水准尺之间的距离成正比,因此可以按等距离等影响的原则,在观测中使前、后视距离相等,则由于视线倾斜在前、后视水准尺上所引

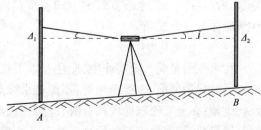

图 2-17

起的误差相等,即 $\Delta_1 = \Delta_2$,在计算高差时可相互抵消。

②水准尺误差

水准尺刻划不准确,尺身弯曲而引起的尺长变化,将直接给读数带来误差。当水准测量的精度要求较高时,应对水准尺进行检验,对不符合规定要求的水准尺,应停止使用。

水准尺底端磨损或者底部黏上泥土,致使尺底的零点位置发生改变,而且施测中使用的一副(两根)尺,尺底磨损又不相同,造成一副尺零点不一致的情况。如果在测量中两根尺交替作为后视尺或前视尺,同时在起终点之间采用设置偶数站的方法施测,就可以消除或减弱对高差的影响。

(2)观测误差

①整平误差

水准测量时,视线的水平是根据水准管气泡居中来判断的。由于人眼在判断气泡居中时会产生一定的误差,致使视线偏离水平位置,从而带来读数误差。因此,观测时要仔细精确整平,保证在读数过程中气泡稳定居中。

②读数误差

在水准尺上估读毫米数的误差与人眼的分辨能力、望远镜的放大率及视距长度有关。减小读数误差的主要措施是提高技术水平,适当控制视距长度,以保证估读精度。

另外,当存在视差时,也会产生读数误差。存在视差时,由于十字丝平面与水准尺影像不重合,若眼睛观察位置不同,便会读出不同的读数。因此,在操作中应仔细地进行对光,以消除视差的影响。

③水准尺倾斜误差

水准尺左右倾斜,观测者在望远镜内容易发现并能及时纠正,若前后倾斜,望远镜内不易发现。水准尺倾斜将使尺上的读数增大。在外业工作中,立尺者应注意把水准尺立直。

(3)外界条件影响

①地球曲率和大气折光的影响

由于大气折光和地球曲率都会对水准尺读数产生影响,且影响的大小与仪器至水准尺之间的距离成正比。因此,在水准测量实施中,只要使前、后视距相等,地球曲率与大气折光的影响将可以得到减小或消除。

②温度的影响

由于温度的变化,不仅会引起大气折光的变化,而且会使水准管气泡不稳定。当仪器受到烈日直接照射时,水准管气泡会向温度高的方向移动,从而影响气泡居中。因此,烈日下作业应注意撑伞遮阳。

(4)注意事项

在水准测量的外业工作中,应注意以下几方面:安置仪器要稳,防止下沉,防止碰动。安置仪器时尽量使前、后视距相等;不能在水准点(起点和终点)上放置尺垫;观测过程中,手不要扶脚架;在土质松软地区作业时,应防止仪器下沉、尺垫下沉;读完第一站的前视读数后不能移动尺垫,读完第二站的后视读数后才能移动尺垫。

二、下达工作任务(表2-7)

工 作 任 务 表　　　　　　　　　　　　　表2-7

任务内容:实施水准测量			
小组号		场地号	
任务要求: 1. 根据实地地形选择测站和转点,完成一个闭合水准路线的布设; 2. 完成普通水准测量的外业观测、记录和计算		工具: 　DS$_3$型水准仪1台;水准尺1对;三脚架一个;尺垫2块;记录板1块	组织: 1. 全班按每小组4~6人分组进行,每小组推选一名组长和一名副组长; 2. 组长总体负责本组人员的任务分工,要求组内各成员能相互配合,协调工作; 3. 副组长负责仪器的借领、归还和仪器的安全管理等事务
技术要求: 　高差闭合差$f_h \leqslant \pm 40\sqrt{L}$mm(或$\pm 12\sqrt{n}$mm),$L$为千米数,$n$为测站数,若超限则重测			
组长:＿＿＿＿＿＿　副组长:＿＿＿＿＿＿　组员:＿＿＿＿＿＿＿＿＿＿＿＿＿＿＿＿＿			
			日期:＿＿＿年＿＿月＿＿日

三、制订计划(表2-8、表2-9)

任 务 分 工 表　　　　　　　　　　　　　表2-8

小组号		场地号	
组长		仪器借领与归还	
仪器号			
分 工 安 排			
序号	测段	观测者	记录者或计算者	立尺者

实施方案设计表　　　　　　　　　　　　　表2-9

(请在下面空白处写出任务实施的简要方案,内容包括操作步骤、实施路线、技术要求和注意事项等)

四、实施计划,并完成如下记录(表2-10)

水准测量手簿　　　　　　　　　表2-10

日期:＿＿＿＿＿　天气:＿＿＿＿＿　仪器型号:＿＿＿＿＿　组号:＿＿＿＿＿

观测者:＿＿＿＿＿＿＿　记录者:＿＿＿＿＿＿＿　立尺者:＿＿＿＿＿＿＿

测点	水准尺读数(m)		高差 h(m)	高程(m)	备注
	后视 a	前视 b			
Σ					
计算校核	$\Sigma a - \Sigma b =$ $\Sigma h =$ $H_终 - H_始 =$ $f_h =$ $f_{h容} =$				

五、自我评估与评定反馈

1. 学生自我评估(表2-11)

学生自我评估表　　　　　　　　　表2-11

实训项目					
小组号		场地号		实训者	
序号	检查项目	比重分	要　　求		自我评定
1	任务完成情况	30	按要求按时完成实训任务		
2	测量误差	20	成果符合限差要求		
3	实训记录	20	记录规范、完整		
4	实训纪律	15	不在实训场地打闹,无事故发生		
5	团队合作	15	服从组长的任务分工安排,能配合小组其他成员工作		

实训反思:

小组评分:＿＿＿＿＿＿＿＿　　　　　　　　　　　　　　　组长:＿＿＿＿＿＿＿＿

2. 教师评定反馈(表 2-12)

教师评定反馈表　　　　　　　　　　　　　　　　　表 2-12

实训项目				
小组号		场地号		实训者
序号	检查项目	比重分	要　　　求	考核评定
1	操作程序	20	操作动作规范,操作程序正确	
2	操作速度	20	按时完成实训	
3	安全操作	10	无事故发生	
4	数据记录	10	记录规范,无涂改	
5	测量成果	30	计算正确,成果符合限差要求	
6	团队合作	10	小组各成员能相互配合,协调工作	

存在问题:

考核教师:_____　　　　　　　　　　　_____年___月___日

任务 3　整理水准测量成果

一、资讯

水准测量外业工作结束后,应对水准测量观测手簿进行检查,计算各点间高差。检查无误后,就可以进行水准测量成果整理工作。下面将根据不同形式的水准路线,举例说明整理的方法和步骤。

1. 闭合水准路线的成果整理

如图 2-18 所示,A 为已知水准点,高程 $H_A = 5.612$,水准测量外业工作所得数据见图,成果整理如下:

(1)填入外业观测所得数据

将各测点、各测段距离、实测高差和 A 点已知高程填入水准测量高程调整表(表 2-13)相应栏中。

(2)计算高差闭合差并判断测量成果的精度

高差闭合差: $f_h = \sum h_{测}$,按此式计算得高差闭合差 $f_h = 0.020$m。查工程测量规范,规范中等外水准测量限差 $f_{h容}$ 的要求: $f_{h容} = \pm 40\sqrt{L} = \pm 40\sqrt{3.75} = \pm 77$mm,其精度符合要求。

(3)调整高差闭合差

高差闭合差的调整原则是:将闭合差 f_h 以相反的符号,按其与测段长度或测站数成正比的原则分配到各段高差中。故每千米的高差改正数为:

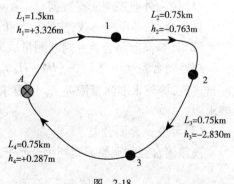

图 2-18

$$-\frac{1}{\sum L} \times f_h = -\frac{1}{3.75} \times 0.020 = -0.0053 \text{ m}$$

各测段的改正数,按千米数计算,分别填入表2-13第4列中。高差改正数总和的绝对值应与高差闭合差的绝对值相等。表2-13第3列的各实测高差分别加改正数后,便得到改正后的高差,填入第5列。

(4)推算各点高程

根据水准点 A 的高程 $H_A = 5.612$m,逐点推算出各点的高程,填入第6列。

水准测量高程调整表　　　　　　　　　　　　　　表2-13

点号	距离(km)	实测高差(m)	改正数(mm)	改正后高差(m)	高程(m)
BM_A					5.612
	1.5	+3.326	-8	+3.318	
1					8.930
	0.75	-0.763	-4	-0.767	
2					8.163
	0.75	-2.830	-4	-2.834	
3					5.329
	0.75	+0.287	-4	+0.283	
BM_A					5.612
Σ	3.75	0.020	-20	0	

辅助计算: $f_h = 0.020$m; $|f_{h容}| = |\pm 40\sqrt{L}| = |\pm 40\sqrt{3.75}| = 77\text{mm} > |f_h|$,满足要求

2. 附合水准路线的成果整理

如图2-19所示, A、B 为已知水准点,高程 $H_A = 5.612$m, $H_B = 5.412$m,外业工作所得数据见图,成果整理如下:

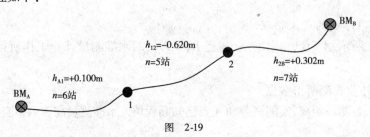

图 2-19

(1)填入外业观测所得数据

将各测点、各段测站数、实测高差和 A 点、B 点已知高程填入表2-14相应栏中。

(2)计算高差闭合差并判断测量成果的精度

高差闭合差: $f_h = \sum h_{测} - (H_B - H_A)$,按此式计算得高差闭合差 $f_h = -0.018$m。按工程测量规范,等外水准测量限差 $f_{h容}$ 的要求: $f_容 = \pm 12\sqrt{n} = \pm 12\sqrt{18} = \pm 51$mm,其精度符合要求。

(3)调整高差闭合差

高差闭合差的调整原则同闭合水准路线。故每一站的高差改正数为:

$$-\frac{1}{\sum n} \times f_h = -\frac{1}{18} \times (-0.018) = 0.001 \text{ m}$$

各测段的改正数,按测站数计算,分别填入表2-14第4列中。高差改正数总和的绝对值应与闭合差的绝对值相等。第3列各实测高差分别加改正数后,便得到改正后的高差,填入第5列。

水准测量高程调整表　　　　　　　　　　　　　　　　　　表2-14

点号	测站数	实测高差	改正数(m)	改正后高差(m)	高程(m)
BM_A					5.612
	6	+0.100	+0.006	+0.106	
1					5.718
	5	−0.620	+0.005	−0.615	
2					5.103
	7	+0.302	+0.007	+0.309	
BM_B					5.412
Σ	18	−0.218	+0.018	−0.018	

辅助计算：$f_h = \Sigma h_{测} - (H_{终} - H_{始}) = -0.218 - (5.412 - 5.612) = -0.018\text{m}$

$|f_{h容}| = |\pm 12\sqrt{n}| = |\pm 12\sqrt{18}| = 51\text{mm} > |f_h|$，满足精度要求

每站改正数 = +0.018/18 = 0.001m

(4) 推算各点高程

根据水准点 A 的高程 $H_A = 5.612\text{m}$，逐点推算出各点的高程，填入第6列，最后算得的 B 点高程应与已知高程 H_B 相等，否则说明高程计算有误。

二、下达工作任务(表2-15)

工　作　任　务　表　　　　　　　　　　　　　　　　　　表2-15

任务内容：整理水准测量成果			
小组号		场地号	
任务要求： 　根据教师提供的水准测量外业工作测量数据,整理水准测量成果	工具： 　计算器一个		组织： 　1. 全班按每小组4~6人分组进行,每小组推选一名组长和一名副组长； 　2. 组长总体负责本组人员的任务分工,要求组内各成员能相互配合,协调工作； 　3. 副组长负责仪器的借领、归还和仪器的安全管理等事务
技术要求： 　高差闭合差 $f_h \leqslant \pm 40\sqrt{L}$mm(或 $\pm 12\sqrt{n}$mm),L 为公里数,n 为测站数			
组长：　　　　　副组长：　　　　　组员：			
日期：　　　年　　月　　日			

三、制订计划(表2-16)

任 务 分 工 表　　　　　　　　表2-16

小组号			场地号	
分　工　安　排					
序号	计算者	校核者	路线示意图	
成果整理步骤:					

四、实施计划,进行水准测量成果整理(表2-17)

水准测量高程调整表　　　　　　　　表2-17

点号	距离(km)或测站数	实测高差(m)	改正数(m)	改正后高差(m)	高程(m)
Σ					
辅助计算					

五、自我评估与评定反馈

1. 学生自我评估（表2-18）

学生自我评估表　　　　　　　　　　　　　　　　　　　　　　　表2-18

实训项目				
小组号		场地号		实训者
序号	检查项目	比重分	要　求	自我评定
1	任务完成情况	40	按要求按时完成实训任务	
2	实训记录	20	记录规范、完整	
3	实训纪律	20	不在实训场地打闹,无事故发生	
4	团队合作	20	服从组长的任务分工安排,能配合小组其他成员工作	

实训反思：

小组评分：_____　　　　　　　　　　　　　　　　　组长：_____

2. 教师评定反馈（表2-19）

教师评定反馈表　　　　　　　　　　　　　　　　　　　　　　　表2-19

实训项目				
小组号		场地号		实训者
序号	检查项目	比重分	要　求	考核评定
1	整理程序	20	计算程序正确	
2	计算速度	20	按时完成实训	
3	数据记录	20	记录整洁、清楚	
4	整理成果	30	结果正确	
5	团队合作	10	小组各成员能相互配合,协调工作	

存在问题：

考核教师：_____　　　　　　　　　　　　　　　　　____年____月____日

任务4　高程放样

一、资讯

1. 高程测设方法

高程测设是根据邻近水准点高程,在现场标定出某设计高程的位置。它与水准测量不同之处在于:不是测定两固定点之间的高差,而是根据一个已知高程的水准点,测设设计所给定点的高程。

如图2-20所示,已知R点高程$H_R=24.376\text{m}$,欲将P点高程$H_P=26.000\text{m}$测设在木桩上,其测设步骤如下:

①安置水准仪于水准点R和木桩之间,读取水准点R上的水准尺读数$a=1.903\text{m}$,计算水准仪的视线高程$H_i=H_R+a=24.376+1.903=26.279\text{m}$,则要确定木桩$P$点高程其水准尺上的读数应为$b_{应}=H_i-H_P=26.279-26.000=0.279\text{m}$。

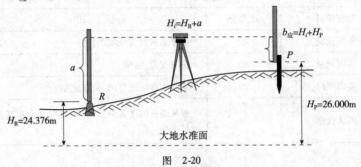

图 2-20

②将水准尺靠在木桩的一侧上下移动,当水准仪水平视线读数恰好为$b_{应}$时,在木桩侧面沿水准尺底画一横线,此线就是P点所测设的高程;或者也可以指挥打桩,让桩顶顶面刚好在尺底位置。此时,桩顶高程即为所测设的高程。

2. 注意事项

①前后视距大致相等。

②注意消除误差。

③测设后应进行检核,误差超限时重测,并做好记录。

二、下达工作任务(表2-20)

工作任务表　　　　　　　　　　表2-20

任务内容:高程放样		
小组号		场地号
任务要求: 测设已知高程点	工具: 　DS$_3$型水准仪1台;水准尺1对;三脚架一个;记录板1块;木桩3~5个;小钉5个;铁锤1把	组织: 　1. 全班按每小组4~6人分组进行,每小组推选一名组长和一名副组长; 　2. 组长总体负责本组人员的任务分工,要求组内各成员能相互配合,协调工作; 　3. 副组长负责仪器的借领、归还和仪器的安全管理等事务
技术要求: 　高程测设限差范围不大于±10mm		
组长:_____　副组长:_____　组员:		
		日期:___年___月___日

三、制订计划(表2-21、表2-22)

任务分工表 表2-21

小组号			场地号	
组长			仪器借领与归还	
仪器号				
分工安排				
序号	待放样点	观测者(兼记录计算)	立尺者	打桩者

实施方案设计表 表2-22

(请在下面空白处写出任务实施的简要方案,内容包括操作步骤、实施路线、技术要求和注意事项等)

四、实施计划,并完成如下记录(表2-23)

高程放样手簿 表2-23

日期:_____ 天气:_____ 仪器型号:_____ 组号:_____
观测者:_____ 记录者:_____ 立尺者:_____

测站	水准点高程 (m)	后视读数 (m)	视线高程 (m)	待测设点 设计高程 (m)	前视尺应 读数(m)	检测		备注
						读数(m)	误差(m)	

五、自我评估与评定反馈

1. 学生自我评估（表2-24）

学生自我评估表　　　　　　　　　　　　　　　　　　　　　　　表2-24

实训项目				
小组号		场地号		实训者
序号	检查项目	比重分	要求	自我评定
1	任务完成情况	40	按要求按时完成实训任务	
2	实训记录	20	记录规范、完整	
3	实训纪律	20	不在实训场地打闹，无事故发生	
4	团队合作	20	服从组长的任务分工安排，能配合小组其他成员工作	

实训反思：

小组评分：_____　　　　　　　　　　　　　　　　　　　　　　组长：_____

2. 教师评定反馈（表2-25）

教师评定反馈表　　　　　　　　　　　　　　　　　　　　　　　表2-25

实训项目				
小组号		场地号		实训者
序号	检查项目	比重分	要求	考核评定
1	操作程序	20	操作动作规范，操作程序正确	
2	操作速度	20	按时完成实训	
3	安全操作	10	无事故发生	
4	数据记录	10	记录规范，无涂改	
5	测设成果	30	计算正确，成果符合限差要求	
6	团队合作	10	小组各成员能相互配合，协调工作	

存在问题：

考核教师：_____　　　　　　　　　　　　　_____年____月____日

任务5　检验与校正微倾式水准仪

一、资讯

1. 水准仪的轴线应满足的条件

根据水准测量原理，水准仪必须提供一条水平视线，才能准确测定两点间的高差。为

此,如图 2-21 所示,水准仪必须满足以下几个条件:

①视准轴平行于水准管轴($CC/\!/LL$)。

②圆水准器轴平行于仪器竖轴($L'L'/\!/VV$)的条件。

③十字丝横丝垂直于仪器竖轴。

2. 水准仪的检验与校正

(1) 圆水准器轴平行于仪器竖轴的检验与校正

检校目的:检验圆水准器轴是否平行于仪器的竖轴。如果两轴是平行的,则当圆水准器气泡居中时,仪器的竖轴就处于铅垂位置。

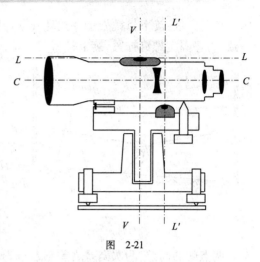

图 2-21

检验方法:安置好仪器,气泡居中后,再将仪器绕竖轴旋转180°,看气泡是否居中。如果气泡仍居中,说明圆水准器轴平行于竖轴;如果气泡偏离零点,说明两轴不平行。

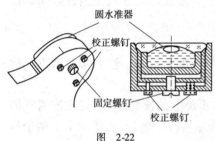

图 2-22

校正方法:转动脚螺旋使气泡向中心方向移动偏离值的一半,再拨动圆水准器校正螺钉使气泡居中。检验与校正难以一次完成,需反复进行,直到仪器旋转到任何位置,圆水准器气泡都居中为止。校正完毕后应注意拧紧固定螺钉。如图 2-22 所示。

(2) 十字丝横丝垂直于竖轴的检验与校正

检校目的:检验十字丝横丝是否垂直于竖轴。如果横丝垂直于竖轴,则横丝处于水平位置,根据横丝的任何部位在尺上读数都应该是相同的。

检验方法:整平仪器后,整平后,用横丝的一端对准一固定点 P,如图 2-23 所示。转动微动螺旋,看 P 点是否沿着横丝移动。若如 2-23b) 所示,则十字丝横丝垂直于竖轴,否则十字丝横丝不垂直于竖轴。

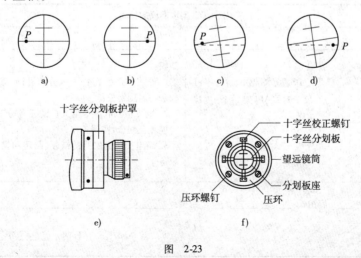

图 2-23

校正方法:旋下目镜处十字丝环外罩,转动"十字丝校正螺钉",使十字丝与 P 点的轨迹一致,再将固定螺钉拧紧,旋上护罩。

(3)视准轴平行于水准管轴的检验与校正

检校目的:检验视准轴是否平行于水准管轴。如果是平行的,则当水准管气泡居中时视准轴水平。

检验方法:如图 2-24 所示,选择相距 75~100m 的两点 A、B,在 A、B 两点上各打一个木桩并在上面立尺。水准仪置于距 A、B 两点等远处的 Ⅰ 位置,用变换仪器高度法测定

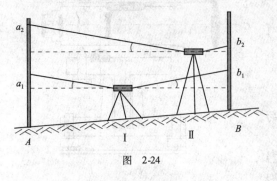

图 2-24

A、B 两点间的高差,两次高差之差不超过 3mm 时可取平均值作为正确高差 h_{AB}。

$$h_{AB} = \frac{(a'_1 - b'_1 + a''_1 - b''_1)}{2}$$

再把水准仪置于约离 B 点 3~5m 的 Ⅱ 位置,精平仪器后读取近尺 B 尺上的读数 b_2。计算远尺 A 上的正确读数值 a_2:

$$a_2 = b_2 + h_{AB}$$

照准远尺 A,旋转微倾螺旋,将水准仪视准轴对准 A 尺上的读数 a_2,这时,如果水准气泡居中,则说明视准轴与水准管轴平行,否则应进行校正。

校正方法:重新旋转水准仪微倾螺旋,使视准轴对准 A 尺上的读数 a_2,这时水准管气泡影像错开,即水准管气泡不居中。用校正针先松开水准管左右校正螺旋,再拨动上下两个校正螺钉,先松上(下)边的螺钉,再紧下(上)边的螺钉,直至使气泡影像符合为止。此项工作要重复进行多次,直至符合要求为止。

二、下达工作任务(表 2-26)

工作任务表　　　　　　　　　　　　　　　　表 2-26

任务内容:DS_3 型水准仪的检验			
小组号		场地号	
任务要求: 　检验 DS_3 型水准仪	工具: 　DS_3 型水准仪 1 台;水准尺 1 对;三脚架一个;皮尺 1 把	组织: 　1. 全班按每小组 4~6 人分组进行,每小组推选一名组长和一名副组长; 　2. 组长总体负责本组人员的任务分工,要求组内各成员能相互配合,协调工作; 　3. 副组长负责仪器的借领、归还和仪器的安全管理等事务	
组长:_____　　副组长:_____　　组员:_____ 　　　　　　　　　　　　　　　　　　　　　　　　　日期:____年____月____日			

三、制订计划（表2-27、表2-28）

任 务 分 工 表　　　　　　　　　　　　　　　表2-27

小组号		场地号	
组长		仪器借领与归还	
仪器号			
分 工 安 排			
序号	检验项目	检验者	记录者	立尺者

实 施 方 案 设 计 表　　　　　　　　　　　　表2-28

（请在下面空白处写出任务实施的简要方案，内容包括操作步骤、实施路线、技术要求和注意事项等）

四、实施计划，并完成如下记录

1. 圆水准器轴的检验（表2-29）

圆水准器轴的检测记录表　　　　　　　　　　表2-29

日期_____ 天气_____ 仪器号_____
检验者_____ 记录者_____

检验次数	平转180°后圆水准气泡偏离中心的距离(mm)
1	
2	
3	
校正意见	□A. 条件满足，不需要校正 □B. 条件不满足，需要校正

签名：_____

2. 十字丝横丝检验(表 2-30)

十字丝横丝的检测记录表　　　　　　　　　　表 2-30

日期_____ 天气_____ 仪器号_____
　　　　　　　　　　检验者_____ 记录者_____

检验次数	横丝偏离固定点的距离(mm)
1	
2	
3	
校正意见	□A. 条件满足,不需要校正 □B. 条件不满足,需要校正 　　　　　　　　　　　　　　签名:_____

3. 视准轴与水准轴是否平行的检验(表 2-31)

视准轴与水准轴是否平行的检测记录表　　　　　表 2-31

日期_____ 天气_____ 仪器号_____
　　　　　　　　　　检验者_____ 记录者_____

检验次数	仪器在中间		仪器在_____点近旁	
	A 点尺读数 a_1	B 点尺读数 b_1	A 点尺读数 a_1	B 点尺读数 b_1
1	$h_{AB} = a_1 - b_1 =$		水准管气泡是否居中:	
2	$h_{AB} = a_1 - b_1 =$		水准管气泡是否居中:	
辅助计算				
校正意见	□A. 条件满足,不需要校正 □B. 条件不满足,需要校正 　　　　　　　　　　　　　　　　　　　　签名:_____			

五、自我评估与评定反馈

1. 学生自我评估(表 2-32)

学生自我评估表　　　　　　　　　　　　　　表 2-32

实训项目				
小组号		场地号		实训者
序号	检查项目	比重分	要求	自我评定
1	任务完成情况	40	按要求按时完成实训任务	
2	实训记录	20	记录规范、完整	

续上表

序号	检查项目	比重分	要求	自我评定
3	实训纪律	20	不在实训场地打闹,无事故发生	
4	团队合作	20	服从组长的任务分工安排,能配合小组其他成员工作	

实训反思:

小组评分:＿＿＿＿＿＿＿＿＿＿＿＿＿＿＿＿＿＿ 组长:＿＿＿＿＿＿＿＿＿

2. 教师评定反馈(表2-33)

教师评定反馈表　　　　　　　　　表2-33

实训项目				
小组号		场地号		实训者

序号	检查项目	比重分	要求	考核评定
1	操作程序	20	操作动作规范,操作程序正确	
2	操作速度	20	按时完成实训	
3	安全操作	10	无事故发生	
4	数据记录	10	记录规范,无涂改	
5	检验结果	30	计算正确,结果符合要求	
6	团队合作	10	小组各成员能相互配合,协调工作	

存在问题:

考核教师:＿＿＿＿＿＿＿＿＿＿＿＿＿＿＿＿＿＿＿＿＿＿＿＿＿＿年＿＿月＿＿日

任务6　建立高程控制网

一、资讯

小地区(测区面积小于15 km^2)高程控制测量的方法主要有水准测量和三角高程测量。如果测区地势比较平坦,可采用四等或图根水准测量,三角高程测量则主要用于山区或丘陵地区的高程控制。图根水准测量其精度低于四等水准测量,故称为等外水准测量,用于加密高程控制网与测定图根点的高程。图根水准路线可根据图根点的分布情况,布设成闭合路线、附合路线等。图根水准点一般可埋设临时标志。图根水准测量通常采用本项目中任务2所述方法施测。

四等水准测量除用于建立小地区的首级高程控制网外,还可作为大比例尺测图、建筑施工区域内的工程测量以及建(构)筑物变形观测的基本控制。四等水准点应埋设永久性标志。四等水准测量多采用双面尺法观测。

1. 踏勘选点

选点前,先收集测区已有地形图和高一级控制点的成果资料,并应进行野外踏勘核对,落实点位并建立标志(钉水泥钉并依顺序编号)。选点时应注意:

①相邻点应通视无阻碍。

②点位应选在土质坚实处。

③视野开阔。

④导线各边的边长大致相等且不能超过三倍,一般在50~350m之间。

⑤导线点应有足够的密度,分布较均匀。

2. 四等水准测量观测方法

(1)每站的观测

四等水准测量可采用双面尺法,前后尺的尺常数一支为4.687m,另一支为4.787m。每一站的观测顺序为:

①照准后视尺黑面,读上、下、中丝(1)、(2)、(3)。

②照准后视尺的红面,读中丝(4)。

③照准前视尺的黑面,读上、下、中丝(5)、(6)、(7)。

④照准前视尺的红面,读中丝(8)。

以上(1),(2),…,(8)表示观测与记录的顺序,如表2-34所示。这样的观测顺序,简称为"后—后—前—前"。注意:每次中丝读数前,水准管气泡必须严格居中。

(2)每站的计算与检核

每站上的计算,分为视距、高差和检核计算。

①视距计算

后视距离:$(11) = [(1) - (2)] \times 100$。

前视距离:$(12) = [(5) - (6)] \times 100$。

视距差:$(13) = (11) - (12)$,规定要求此误差不得大于5m。

视距累积差:$(14) = (13)$本站$+ (14)$前站,规定要求累积差不得大于10m。使用倒像仪器,则$(11) = [(2) - (1)] \times 100$,$(12) = [(6) - (5)] \times 100$。

四等水准测量手簿(双面尺法)　　　　表2-34

测站编号	后尺 上丝 下丝		前尺 上丝 下丝		方向及尺号	水准尺中丝读数(m)		K+黑-红	平均高差(m)	备注
	后距		前距			黑面	红面			
	视距差 d(m)		Σd(m)							
	(1)	(5)	(3)		后	(4)	(9)			$K_{46} =$ 4.687
	(2)	(6)	(7)		前	(8)	(10)			
	(11)	(12)	(15)		后-前	(16)	(17)	(18)		$K_{47} =$ 4.787
	(13)	(14)								

续上表

测站编号	后尺 上丝 下丝 后距 视距差 d(m)	上丝 下丝	前尺	上丝 下丝 前距 ∑d(m)	方向及尺号	水准尺中丝读数（m） 黑面	红面	K+黑-红	平均高差（m）	备注
1	1.675 1.289 38.6 0.2	0.843 0.459 38.4 0.2	后47 前46 后-前	1.482 0.651 0.831	6.269 5.338 0.931	0 0 0		0.831		
2	2.217 1.833 38.4 -0.1	2.301 1.916 38.5 0.1	后46 前47 后-前	2.025 2.108 -0.083	6.712 6.896 -0.184	0 -1 1		-0.084		
3	2.321 1.914 40.7 0.4	2.274 1.871 40.3 0.5	后47 前46 后-前	2.118 2.073 0.045	6.905 6.760 0.145	0 0 0		0.045		
4	2.017 1.662 35.5 -0.2	2.193 1.836 35.7 0.3	后46 前47 后-前	1.842 2.015 -0.173	6.527 6.802 -0.275	2 0 2		-0.174		
计算校核	∑后视距=153.2 ∑前视距=152.9 ∑后视距-∑前视距=0.3 ∑平均高差=0.618									

② 高差计算

黑面所测高差：(15) = (3) - (7)。

红面所测高差：(16) = (4) - (8)。

黑红面所测高差之差：(9) = (3) + K - (4)；(10) = (7) + K - (8)。

平均高差：$(18) = \frac{1}{2}\{(15) + [(16) \pm 0.1]\}$。

③ 检核计算

$$(17) = (15) - [(16) \pm 0.1] = (9) - (10)$$

$$(18) = \frac{1}{2}\{(15) + [(16) \pm 0.1]\} = (15) - \frac{1}{2}(17)$$

每页检核中，当测站为偶数时，有：

$$\sum(18) = \frac{1}{2}\left\{\left[\sum(3) - \sum(7)\right] + \left[\sum(4) - \sum(8)\right]\right\}$$

当测站为奇数时,有:

$$\sum(18) = \frac{1}{2}\left\{\left[\sum(3) - \sum(7)\right] + \left[\sum(4) - \sum(8)\right] \pm 0.1\right\}$$

距离检核计算为:

$\sum$ 后距 $-\sum$ 前距 $= \sum d$;

$\sum d$ 要与本页最后一站的积累相同。

二、下达工作任务(表2-35)

工作任务表　　　　　　　　　　　　表2-35

任务内容:建立高程控制网			
小组号		场地号	
任务要求: 　　完成四等水准测量的观测、记录及计算	工具: 　　DS$_3$型水准仪1台;水准尺1对;三脚架一个;水泥钉数枚;铁锤1把	组织: 　　1. 全班按每小组4~6人分组进行,每小组推选一名组长和一名副组长; 　　2. 组长总体负责本组人员的任务分工,要求组内各成员能相互配合,协调工作; 　　3. 副组长负责仪器的借领、归还和仪器的安全管理等事务	
技术要求: 　　高差闭合差 $f_h \leqslant \pm 20\sqrt{L}$ mm(或 $\pm 6\sqrt{n}$ mm),L 为千米数,n 为测站数,若超限则重测			
组长:_____	副组长:_____	组员:_____	
		日期:____年____月____日	

三、制订计划(表2-36、表2-37)

任务分工表　　　　　　　　　　　　表2-36

小组号		场地号	
组长		仪器借领与归还	
仪器号			
分　工　安　排			
序号	测段	观测者	记录者或计算者	立尺者

实施方案设计表　　　　　　　　　　　　　　　　　　　　表 2-37

（请在下面空白处写出任务实施的简要方案，内容包括操作步骤、实施路线、技术要求和注意事项等）

四、实施计划，并完成如下记录（表 2-38）

四等水准测量手簿　　　　　　　　　　　　　　　　　　　　表 2-38

日期：_____　天气：_____　仪器型号：_____　组号：_____

观测者：_____　记录者：_____　立尺者：_____

测站编号	点号	后尺 上丝 / 下丝 / 后距 / 视距差 d(m)	前尺 上丝 / 下丝 / 前距 / $\sum d$(m)	方向及尺号	水准尺中丝读数（m） 黑面 / 红面	K+黑 $-$红	平均高差（m）	备注
		(1)	(5)	后	(3)　(4)	(9)		
		(2)	(6)	前	(7)　(8)	(10)		
		(11)	(12)	后-前	(15)　(16)	(17)	(18)	
		(13)　(14)						
1								
2								
3								
4								
每页校核	$\sum$后视距 =　　$\sum$前视距 =　　$\sum$后视距 $-$ $\sum$前视距 =　　$\sum$平均高差 =							

五、自我评估与评定反馈

1. 学生自我评估（表2-39）

学生自我评估表　　　　　　　　　　　　　表2-39

实训项目				
小组号		场地号		实训者
序号	检查项目	比重分	要　　求	自我评定
1	任务完成情况	30	按要求按时完成实训任务	
2	测量误差	20	成果符合限差要求	
3	实训记录	20	记录规范、完整	
4	实训纪律	15	不在实训场地打闹，无事故发生	
5	团队合作	15	服从组长的任务分工安排，能配合小组其他成员工作	
实训反思：				
小组评分：_____				组长：_____

2. 教师评定反馈（表2-40）

教师评定反馈表　　　　　　　　　　　　　表2-40

实训项目				
小组号		场地号		实训者
序号	检查项目	比重分	要　　求	考核评定
1	操作程序	20	操作动作规范，操作程序正确	
2	操作速度	20	按时完成实训	
3	安全操作	10	无事故发生	
4	数据记录	10	记录规范，无涂改	
5	实训成果	30	计算正确，成果符合限差要求	
6	团队合作	10	小组各成员能相互配合，协调工作	
存在问题：				
考核教师：_____			____年____月____日	

 自我测试

1. 什么叫后视点？什么叫前视点？
2. DS_3水准仪由哪几部分组成？

3. 什么叫视准轴？什么叫视差？产生视差的原因是什么？怎样消除视差？
4. 水准仪上的圆水准器与管水准器各起什么作用？当圆水准器气泡居中时，管水准器的气泡是否也吻合？为什么？
5. 简述用水准仪进行水准测量的基本操作步骤。
6. 什么叫转点？转点起什么作用？
7. 水准测量时，为什么要求前、后视距离尽量相等？
8. 已知 A 点高程为 101.352m，A 点为后视点，B 点为前视点，当后视读数为 1.154m，前视读数为 1.328m 时，问视线高是多少？B 点比 A 点高还是低？B 点高程是多少？试绘图示意。
9. 水准测量中水准路线可以布设成哪几种形式？
10. 已知 BM_A 点高程为 50.218m，将图 2-25 中的水准测量观测数据填入记录手簿（表 2-41），并计算出各高差及 B 点高程，并进行计算检核。

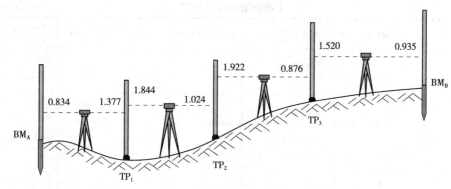

图 2-25

水准测量手簿　　　　　　　　　　　　　　　　　　　表 2-41

测点	水准尺读数(m)		高差 h(m)	高程(m)	备注
	后视 a	前视 b			
Σ					
计算校核					

11. 已知 A 点高程为 $H_A = 25.512\text{m}$，外业工作所得数据如图 2-26 所示，试在表 2-42 中完成成果计算。

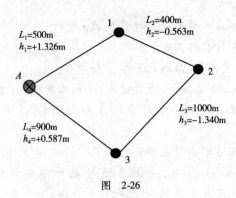

图 2-26

水准测量成果计算表　　　　　　　　　　　　表 2-42

点号	距离(m)	实测高差(m)	改正数(mm)	改正后高差(m)	高程(m)

辅助计算：

12. 已知 A 点高程为 $H_A = 50.000\text{m}$，B 点高程为 $H_B = 48.860\text{m}$，外业工作所得数据如图 2-27 所示，试在表 2-43 中完成成果计算。

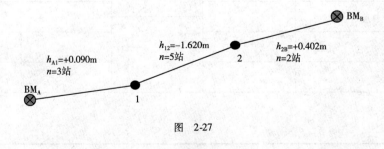

图 2-27

水准测量成果计算表

表 2-43

点号	测站数	实测高差(m)	改正数(mm)	改正后高差(m)	高程(m)

辅助计算：

项目三 平面控制测量

能力要求

1. 知道水平角和竖直角测量的基本原理。
2. 会用测回法进行水平角和竖直角的观测和记录计算。
3. 会检验光学经纬仪。
4. 知道水平角测量误差原因及其减弱措施。
5. 会使用钢尺进行一般量距。
6. 会水平距离和水平角的测设方法。
7. 知道平面控制测量的基本概念和作用。
8. 知道导线测量的概念、布设形式和等级技术要求,能进行导线测量外业操作(踏勘选点、测角、量边),会进行内业的计算(闭合、附合导线坐标计算)。
9. 会建立施工控制网,会建筑施工现场控制测量工作(建筑基线、建筑方格网等)。
10. 会全站仪的基本操作,知道测角、测边、测三维坐标和三维坐标放样的原理和操作方法。

工作任务

1. 操作经纬仪。
2. 测量水平角和竖直角。
3. 检验和校正经纬仪。
4. 钢尺量距。
5. 水平距离和水平角放样。
6. 实施导线测量。
7. 建立施工平面控制网。
8. 认识全站仪。

任务1 操作光学经纬仪

一、资讯

水平角测量和距离测量是确定地面点平面坐标的基本工作。角度测量仪器有光学经纬仪、电子经纬仪、全站仪等。常用的是光学经纬仪,它不仅可以测量水平角,也可以测量竖直角、距离和高差。水平角测量和竖直角测量都属于角度测量。本项目主要介绍光学经纬仪以及水平角测量、竖直角测量、距离测量和平面控制测量等。

1. 水平角测量原理

水平角是指一点到两个目标点的方向线垂直投影到水平面上所形成的夹角。如图3-1所示,A、B、C 为地面上任意三点,将三点沿铅垂线方向投影到同一水平面上,得到相应的 a、b、c 三点。则水平线 ac 和 bc 的夹角 $\angle acb$ 即为 A、B 两点对 C 点所形成的水平角 β。β 数值范围为 $0° \sim 360°$。

为了测出水平角 β 的大小,以过 C 点的铅垂线上的任一点 O 为中心,水平放置一按顺时针方向刻划的圆盘。过 CA、CB 的竖直面与圆盘的交线,在刻度盘上的读数分别为 m、n,则所求水平角 β 为:

$$\beta = n - m \quad (3-1)$$

综上所述,用于测量水平角的仪器必须满足如下条件:

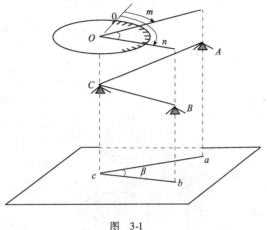

图 3-1

①仪器必须具备一个能安置成水平的带有刻度的圆盘。

②能使刻度盘中心位于水平角顶点的铅垂线上。

③还要有一个能照准不同方向、不同高度目标的望远镜,它不仅能在水平方向旋转,而且能在竖直方向旋转。

经纬仪就是根据上述要求设计制造的一种测角仪器。

光学经纬仪是普通测量中普遍采用的测角仪器。国产光学经纬仪按精度划分为 DJ_{07}、DJ_1、DJ_2、DJ_6 等级别。D、J 分别是大地测量、经纬仪的汉语拼音的第一个字母,下标 07、1、2、6 表示该仪器一测回方向观测值的中误差,以秒为单位,数字越大,则精度越低。在建筑工程测量中,常用的是 DJ_2 级和 DJ_6 级经纬仪。

2. 竖直角测量原理

竖直角是指同一竖直面内观测目标的方向线与水平线之间的夹角,也称为垂直角。竖直角一般用 α 表示。竖直角有正负之分,如图 3-2 所示,倾斜视线 BA 位于水平线之上,形成仰角 α_A,符号为正;倾斜视线 BC 位于水平线之下,形成俯角 α_C,符号为负。

竖直角与水平角一样,其角值也是度盘上两方向读数之差,所不同的是观测竖直角时两方向中必须有一个是水平线方向。为了测量竖直角,在望远镜旋转轴的一端装一个有刻度的竖直度盘,该度盘中心与旋转轴中心重合,且随望远镜一起转动。再设置一个固定的读数指标线,由于水平方向的读数是固定的,故只需读出倾斜视线的读数,就可以得出该视线的竖直角。

3. 光学经纬仪的构造

DJ_6 光学经纬仪主要由基座、水平度盘、照准部三部分组成,图 3-3 为 DJ_6 光学经纬仪的外形及各部件名称。

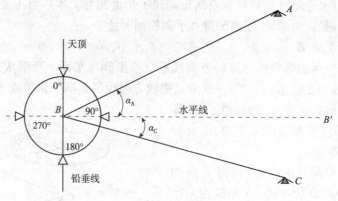

图 3-2

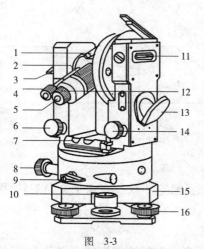

图 3-3

1-望远镜瞄准器；2-物镜对光螺旋；3-望远镜制动螺旋；4-读数显微镜；5-目镜；6-望远镜微动螺旋；7-照准部水准器；8-照准部微动螺旋；9-照准部制动螺旋；10-圆水准器；11-竖盘指标水准管；12-目镜对光螺旋；13-反光镜；14-竖盘指标水准管微动螺旋；15-基座；16-脚螺旋

（1）基座

基座用来支承整个仪器，并通过中心连接螺旋使经纬仪与脚架连接在一起。连接螺旋下方备有挂垂球的挂钩，以便悬挂垂球；利用它使仪器中心与被测角的顶点位于同一铅垂线上，称为仪器对中。经纬仪还可利用光学对中器来实现仪器对中。光学对中器与垂球相比，具有对点精度高和不受风吹摆动的优点。基座上有三个脚螺旋，用来整平仪器。轴座固定螺旋是用来连接基座和照准部的，使用仪器时，切勿松动该螺旋，以免照准部与基座分离而坠落。基座上还有圆水准器，用来粗平仪器。

（2）水平度盘

水平度盘是用光学玻璃制成的圆盘，用来度量水平角。有的经纬仪用度盘变换手轮控制水平度盘的旋转，使度盘转到所需要的位置上。也有的经纬仪是用复测扳钮来控制照准部与水平度盘之间的相对转动。

（3）照准部

照准部是经纬仪上部可绕竖轴水平转动的部分。照准部上的制动螺旋用来控制照准部在水平方向的转动，当照准部制动螺旋拧紧后，可利用微动螺旋使照准部在水平方向上作微小转动，以便精确对准目标。照准部上的管水准器用来精确整平仪器。

望远镜通过横轴安置在照准部两侧的支架上，其构造与水准仪望远镜基本相同。望远镜转动时，视线扫出一个竖直面。望远镜制动螺旋用来控制望远镜在竖直方向上的转动。当望远镜制动螺旋拧紧后，可利用望远镜微动螺旋使望远镜在竖直方向上作微小转动，以便精确对准目标。

竖直度盘是光学玻璃制成的带刻划的圆盘，它固定在横轴的一侧，与望远镜一起绕横轴转动,用来测量竖直角。

读数显微镜是用来读取水平度盘和竖直度盘读数。

4. 经纬仪的操作

(1)安置仪器

用经纬仪观测角度时,应先将仪器安置在角的顶点上,安置仪器包括对中和整平。对中的目的是使仪器的中心与测站点位于同一铅垂线上;整平的目的是使仪器的竖轴竖直,水平度盘处于水平位置。安置方法如下:

①初步对中

首先,将三脚架打开,使其高度适中,三脚架架面大致水平,架在测站上。如果采用垂球对中,则在连接螺旋下方挂上垂球,移动架脚使垂球尖基本对准测站点,将三脚架各腿踩紧使之稳固。然后装上仪器,旋上连接螺旋(不必紧固),双手扶基座,在架头上移动仪器,使垂球尖准确地对准测站点,再将连接螺旋旋紧。采用垂球对中,对中误差应小于3mm。

当天气有风使用垂球对中困难或要求精确对中时,应使用光学对中器对中,对中误差应小于1mm。光学对中的方法:可根据地形安置好三脚架的一支腿,目估对中后,用对中器目镜进行对点器的调焦,使对点器的中心圈影像清晰,调节物镜使地面的影像清晰地出现在对点器内,移动两个脚架,将测站点的影像置于对点器中心圈附近,拧紧中心螺旋。

②初步整平

运用三脚架架脚的伸缩,粗略整平圆水准器。

③精确整平

旋转脚螺旋,使照准部水准管气泡居中。其步骤:先旋转照准部,使水准管平行于任一对脚螺旋,如图3-4a)所示,按左手拇指规则两手同时向内(或向外)转动螺旋1、2,使气泡居中。然后,将照准部旋转90°,如图3-4b)所示,旋转螺旋3,使气泡居中。如此重复多次,直到照准部旋转至任何位置气泡都居中。一般要求气泡偏离中点不得超过一格。

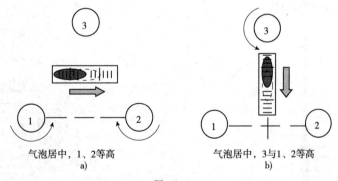

图 3-4

④精确对中

检查地面点标志是否有偏离。若有小偏离,则稍松中心连接螺旋在三脚架顶面平移仪器,使其精确对中,最后旋紧中心连接螺旋。

⑤上述对中和整平工作可重复进行多次,直至满足要求。

(2) 瞄准

测水平角时,瞄准是指用十字丝的纵丝精确地照准目标。其步骤如下:

①目镜调焦:调节目镜,使十字丝清晰。

②粗瞄准:松开望远镜制动螺旋和照准部制动螺旋,先通过望远镜上的照门和准星(或瞄准器)瞄准目标,使望远镜内能看到目标物像,然后旋紧上述两制动螺旋。

③物镜对光:转动物镜对光螺旋使物像清晰。注意消除视差。

④精确瞄准:旋转望远镜和照准部微动螺旋,使十字丝的纵丝精确地照准目标,如图3-5所示。

(3) 读数

照准目标后,打开反光镜,并调整其位置,使读数窗内光线均匀明亮。然后进行读数显微镜调焦,使读数窗内分划清晰。最后读取度盘读数并记录。下面介绍 DJ_6 光学经纬仪的读数方法。

光学经纬仪上的水平度盘和竖直度盘都是用光学玻璃制成的圆盘,整个圆周划分为360°,每度都有注记。度盘分划线通过一系列棱镜和透镜成像于望远镜旁的读数显微镜内,观测者用显微镜读取度盘的读数。各种光学经纬仪因读数设备不同,读数方法也不一致。

①分微尺测微器及其读数方法

国产的 DJ_6 光学经纬仪,大多数采用分微尺测微器装置。它结构简单,读数方便,迅速。这类仪器的度盘分划值为1°,读数的主要设备为读数窗上的分微尺。如图3-6所示,在读数显微镜中可以看到两个读数窗。"水平"是指水平度盘读数窗;"竖直"是指竖直度盘读数窗,每个度盘上均有分微尺。水平度盘和竖盘上1°的分划间隔,成像后与分微尺的全长相等。分微尺分成60小格,每小格的分划值为1′,可估读到0.1′即6″。读数时,度数由落在分微尺上的度盘分划的注记读出,并以该度盘分划线为指标,在分微尺上读出不足1°的角值(须估读秒数)。如图3-6可知,水平度盘读数为73°+4.2′=73°04′12″,竖直度盘读数为87°+6.3′=87°06′18″。

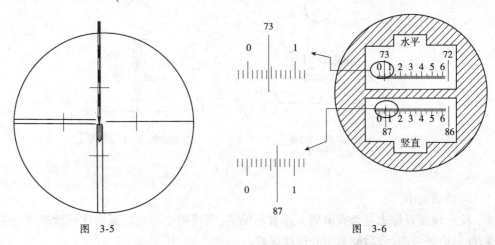

图 3-5　　　　　　　　　图 3-6

②单平板玻璃测微器及其读数方法

如图3-7所示为单平板玻璃测微器读数窗。下面为水平度盘读数窗,中间为竖直度盘读数窗,上面为两个度盘合用的测微尺读数窗。水平度盘与竖直度盘的分划值为30′,测微尺共分30大格,一大格又分三小格。当度盘分划线影像移动30′间隔时,测微尺转动30大格,因此测微尺上每大格为1′,每小格为20″,可估读到2″。

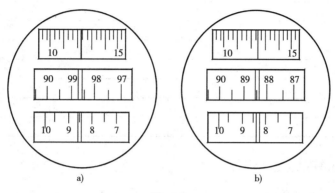

图 3-7

读数时,先要转动测微轮,使度盘分划线精确地移动到双指标线的中间,然后读出该分划线的读数,再利用测微尺上的单指标线读出分和秒,二者相加即得度盘读数。图3-7a)的水平度盘读数为 $8.5° + 12′ + 0.9 × 20″ = 8°42′18″$;图3-7b)的竖直度盘读数为 $88.5° + 12′ + 20″ + 0.3 × 20″ = 88°42′26″$。

二、下达工作任务(表3-1)

工作任务表　　　　　表3-1

任务内容:操作经纬仪				
小组号			场地号	
任务要求: 1. 认清经纬仪的各个组成部件; 2. 练习操作经纬仪,学会经纬仪对中、整平、瞄准和读数的方法		工具: 　DJ₆型经纬仪1台;标杆1对、三脚架一个;记录板1块	组织: 　1. 全班按每小组4~6人分组进行,每小组推选一名组长和一名副组长; 　2. 组长总体负责本组人员的任务分工,要求组内各成员能相互配合,协调工作; 　3. 副组长负责仪器的借领、归还和仪器的安全管理等事务	
技术要求: 1. 仪器整平误差应小于水准管分划一格,对中误差应小于3mm; 2. 度盘读数及算得角值中的分、秒必须记录两位数字,不得省去其中的"0"				
组长:_____　　副组长:_____　　组员:_____ 　　　　　　　　　　　　　　　　　　　　　　日期:____年____月____日				

三、制订计划(表3-2)

任务分工表　　　　　　　　　　　　　　　表3-2

小组号			场地号	
组长			仪器借领与归还	
仪器号				
分　工　安　排				
序号	测站	观测者	记录者或计算者	

四、实施计划,并完成如下记录

1. 认识经纬仪,并讨论以下部件(图3-8)的用途(表3-3)

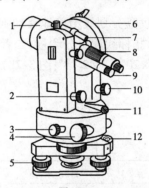

图 3-8

经纬仪各部件说明表　　　　　　　　　　　表3-3

序号	部件	图示中的编号	用　　途
1	物镜		
2	物镜对光螺旋		
3	望远镜瞄准器		
4	读数显微镜		
5	望远镜微动螺旋		
6	水平制动螺旋		
7	水平微动螺旋		
8	圆水准器		
9	脚螺旋		
10	竖直度盘		
11	光学对中器		
12	竖直指标水准管微动螺旋		

2. 观测记录与数据整理(表3-4)

观测记录与数据整理表　　　　　表3-4

日期_____ 时间_____ 天气_____ 仪器号_____

　　　　　　　　　　　　　　　　　　　　观测者_____ 记录者_____

测站	竖盘位置	照准点名称	水平度盘读数 (° ′ ″)	半测回角值 (° ′ ″)	一测回角值 (° ′ ″)	草　图

五、自我评估与评定反馈

1. 学生自我评估(表3-5)

学生自我评估表　　　　　表3-5

实训项目					
小组号		场地号		实训者	
序号	检查项目	比重分	要　　求		自我评定
1	任务完成情况	40	按要求按时完成实训任务		
2	实训记录	20	记录规范、完整		
3	实训纪律	20	不在实训场地打闹,无事故发生		
4	团队合作	20	服从组长的任务分工安排,能配合小组其他成员工作		

实训反思：

　　小组评分：_____　　　　　　　　　　　　　　组长：_____

2. 教师评定反馈(表3-6)

教师评定反馈表　　　　　　　　　　　　　　　　　表3-6

实训项目					
小组号		场地号		实训者	
序号	检查项目	比重分	要　　求		考核评定
1	操作程序	20	操作动作规范,操作程序正确		
2	操作速度	20	按时完成实训		
3	安全操作	10	无事故发生		
4	数据记录	10	记录规范,无涂改		
5	测量成果	30	计算正确,成果符合限差要求		
6	团队合作	10	小组各成员能相互配合,协调工作		
存在问题:					
考核教师:＿＿＿＿＿＿＿				年　　月　　日	

任务2　测量水平角和竖直角

一、资讯

1. 观测水平角

水平角的测量方法,一般根据观测目标数量、测角精度和观测时所用的仪器来确定。一般有测回法、方向观测法和复测法三种。最常用的方法是测回法,以下仅介绍测回法。

测回法适用于观测两个方向之间的单角。如图3-9所示,欲测量∠ABC对应的水平角,可根据距离的远近,在目标点A、C选择垂直竖立的标杆或测钎,安置仪器于测站点B,使仪器对中、整平后,按以下步骤进行观测。

(1)盘左位置(竖盘处于望远镜左侧时的位置,亦称正镜)

顺时针旋转照准部,瞄准左目标C,并配置水平度盘读数为略大于0°,读取水平度盘读数$c_{左}$,记入水平角观测手簿(见表3-7,下同)。然后顺时针旋转照准部,瞄准右目标A,读取水平度盘读数$a_{左}$,记入水平角观测手簿。盘左位置观测的水平角则为:

$$\beta_{B左} = a_{左} - c_{左} \qquad (3-2)$$

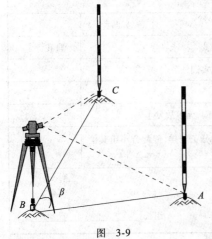

图 3-9

以上是上半测回的观测操作。

水平角观测手簿　　　　　　　表 3-7

测站	测回	竖盘位置	照准点名称	水平度盘读数 (° ′ ″)	半测回角值 (° ′ ″)	一测回角值 (° ′ ″)	各测回平均角值 (° ′ ″)	备注
B	1	左	C	0 01 00	65 31 18	65 31 27	65 31 20	
			A	65 32 18				
		右	C	180 01 18	65 31 36			
			A	245 32 54				
B	2	左	C	90 02 00	65 31 00	65 31 12		
			A	155 33 00				
		右	C	270 02 36	65 31 24			
			A	335 34 00				

（2）盘右位置（竖盘处于望远镜右侧时的位置，亦称倒镜）

倒转望远镜，先瞄准右目标 A，读取水平度盘读数 $a_右$，记入水平角观测手簿。然后逆时针旋转照准部，瞄准左目标 C，读取水平度盘读数 $c_右$，盘右位置观测的水平角则为：

$$\beta_{B右} = a_右 - c_右 \tag{3-3}$$

以上是下半测回的观测操作。

盘左和盘右两个半测回合称为一个测回。对于 DJ_6 经纬仪，当两个半测回测得的角值之差 $\Delta\beta$ 不超过 40″时，取上、下两个半测回角值的平均值作为一测回的角值 β。

$$\beta_B = \frac{1}{2}(\beta_{B左} + \beta_{B右}) \tag{3-4}$$

当测角精度要求较高时，往往需要观测多个测回。为了减小度盘分划误差的影响，各测回应改变起始方向读数，变换值为 $180°/n$，n 为测回数。如测回数 $n = 3$ 时，各测回起始方向读数应等于或略大于 $0°、60°、120°$。用 DJ_6 光学经纬仪进行观测时，各测回角值之差不得超过 24″，否则需要重测。

2. 观测竖直角

（1）竖直角计算

DJ_6 光学经纬仪的竖直度盘的主要部件包括竖直度盘（简称竖盘）、竖盘读数指标、竖盘指标水准管和竖盘指标水准管微动螺旋。竖盘读数指标与竖盘指标水准管连接在一个微动架上，转动竖盘指标水准管微动螺旋，可使指标在竖直面内作微小移动。当竖盘指标水准管气泡居中时，竖盘读数指标就处于正确位置。光学经纬仪的竖盘是一个玻璃圆盘，按 $0° \sim 360°$ 分划全圆注记，注记方向有顺时针和逆时针两种类型，下面以广泛采用的顺时针注记类型为例介绍，如图 3-10 所示。当竖盘指标水准管气泡居中，且望远镜视线水平时，竖盘读数为 $90°$ 或 $270°$。

由竖直角测量原理可知，竖直角等于视线倾斜时的目标读数与视线水平时的整读数之差。下面推导顺时针注记的竖直角计算公式。

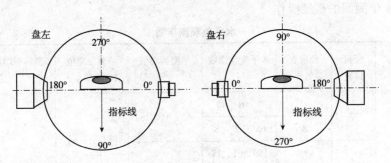

图 3-10

盘左位置:如图 3-11a)所示,视线上仰时,盘左目标读数 L 小于 $90°$,而视线水平时竖盘读数为 $90°$,即读数减小,则盘左竖直角为:

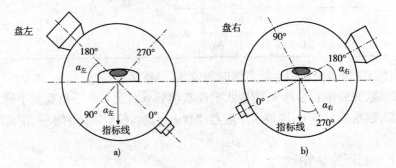

图 3-11

$$\alpha_{左} = 90° - L \tag{3-5}$$

上式中 L 为竖直度盘盘左读数。

盘右位置:如图 3-11b)所示,视线上仰时,盘右目标读数 R 大于 $270°$,而视线水平时竖盘读数为 $270°$,即读数变大,则盘右竖直角为:

$$\alpha_{右} = R - 270° \tag{3-6}$$

上式中 R 为竖直度盘盘右读数。

由于存在测量误差,常取一测回竖角为:

$$\alpha = \frac{1}{2}(\alpha_{左} + \alpha_{右}) \tag{3-7}$$

(2)竖盘指标差

上述竖直角计算是假定视线水平竖盘指标水准管气泡居中时,读数指标处于正确位置,即正好指向 $90°$ 或 $270°$。事实上,读数指标往往是偏离正确位置,与正确位置相差一个小角度 x,该角值称为竖盘指标差,简称指标差。指标差可由下式计算:

$$x = \frac{1}{2}(\alpha_{右} - \alpha_{左}) = \frac{1}{2}(R + L - 360°) \tag{3-8}$$

指标差本身有正负号,一般规定当竖盘读数指标偏离方向与竖盘注记方向一致时,x 取正号,反之 x 取负号。如图 3-12 所示。

（3）竖直角观测步骤

竖直角的观测往往应用于三角高程测量。如图3-13所示,竖直角的观测步骤如下：

①在测站点A安置好仪器,并在目标点B竖立标杆。

②以盘左位置瞄准目标,使十字丝中丝精确地切准目标点。

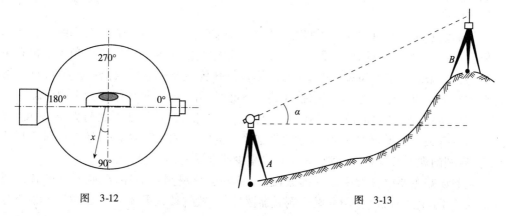

图 3-12　　　　　　　　　　　图 3-13

③调节竖盘指标水准管微动螺旋,使竖盘指标水准管气泡居中,并读取竖盘读数L,记入竖直角观测手簿(表3-8)。

④右盘位置同上法瞄准原目标相同部位,调节竖盘指标水准管气泡居中,并读取竖盘读数R,记入竖直角观测手簿。

⑤该仪器竖盘为顺时针注记,故根据式(3-5)、式(3-6)、式(3-7)计算$\alpha_左$、$\alpha_右$及平均值α。

竖直角观测手簿 表3-8

测站点名	照准点名称	竖盘位置	竖盘读数 (° ′ ″)	半测回角值 (° ′ ″)	竖盘指标差 (″)	一测回竖直角 (° ′ ″)
A	B	左	55　03　30	34　56　30	12	34　56　42
		右	304　56　54	34　56　54		

3. 水平角观测误差和注意事项

水平角测量的误差主要由仪器误差、观测误差和外界条件影响等因素造成。分析这些因素并找出其减小的方法,可以大大提高水平角观测质量。

（1）仪器误差

仪器误差有很多因素。如仪器加工装配不完善而引起的度盘刻划误差;度盘分划中心和照准部旋转中心不重合而引起的度盘偏心误差;视准轴不垂直于横轴而产生的测角误差;横轴不垂直于竖轴而产生的测角误差等。度盘刻划误差可通过在不同的度盘位置测角来减小它的影响。度盘偏心误差可采用盘左、盘右观测取平均值的方法来消除或减弱。另外,视准轴不垂直于横轴的误差和横轴不垂直于竖轴的误差也可采用盘左、盘右观测取平均值的方法予以消除或减弱等。

（2）观测误差

水平角观测误差主要有对中误差、整平误差、目标偏心误差、照准误差和读数误差等。

对中误差的大小与测站点到目标点的距离成反比,也与所观测的水平角大小有关。观测短边和接近180°的水平角时,要特别注意仪器对中精度。

整平误差是在仪器整平时水准管气泡不严格居中,导致竖轴倾斜而引起的测角误差。该误差不能通过一定的观测方法来消除,因此在观测时应特别注意仪器的整平,严格使水准管气泡居中。

目标偏心误差是由于仪器所照准的目标点偏离地面标志点中心的铅垂线所引起的。目标偏心误差的大小与目标偏心距成正比,与边长成反比,与所观测的水平角大小也有关。为了减小目标偏心对水平角观测的影响,当用标杆作为观测标志时,标杆应竖直,且尽量瞄准标杆的底部。当目标较近,又不能瞄准其最下部时,可用悬吊垂球线作为观测标志。

照准误差与望远镜的放大率有关,也与人的分辨能力、目标的形状与大小、亮度、颜色以及清晰度有关。在观测水平角时,除适当选择一定放大率的经纬仪外,还应尽量选择适宜的标志、有利的观测气候条件和观测时间,以减少照准误差的影响。

读数误差主要取决于仪器的读数设备,另外也与观测者的经验、照明亮度和清晰度有关。对于DJ_6光学经纬仪,用分微尺测微器读数,一般估读误差不超过分微尺上最小分划的十分之一,即不超过$±6″$。

(3)外界条件的影响

外界条件对观测的影响很多。如大风、松软的土质会影响仪器的稳定;大气的透明度会影响照准精度;温度的变化会影响仪器的整平等。在观测中要完全避免这些影响是不可能的,只能通过选择有利的观测时间和条件,尽量避开不利因素,使其对观测的影响降低到最小程度。例如,安置仪器时要踩实三脚架;阳光下(特别是夏季)观测时要撑伞,不让阳光直射仪器等。

二、下达工作任务(表3-9)

工 作 任 务 表   表3-9

任务内容:观测水平角和竖直角		
小组号		场地号
任务要求: 1. 每组完成一个闭合三角形路线水平角的观测,且每个内角观测两个测回; 2. 每位同学完成1个竖直角的观测	工具: DJ_6型经纬仪1台;标杆1对;三脚架一个;记录板1块	组织: 1. 全班按每小组4~6人分组进行,每小组推选一名组长和一名副组长; 2. 组长总体负责本组人员的任务分工,要求组内各成员能相互配合,协调工作; 3. 副组长负责仪器的借领、归还和仪器的安全管理等事务
技术要求: 1. 上、下半测回的角值差不应大于$±40″$,各测回间互差不应大于$±24″$; 2. 指标差的变动范围不超过$25″$		

组长:_____ 副组长:_____ 组员:_____

日期:____年____月____日

三、制订计划(表3-10、表3-11)

任 务 分 工 表   表3-10

小组号			场地号	
组长			仪器借领与归还	
仪器号				
分 工 安 排				
序号	测站	观测者	记录者或计算者	立杆者

实施方案设计表   表3-11

(请在下面空白处写出任务实施的简要方案,内容包括操作步骤、实施路线、技术要求和注意事项等)

四、实施计划,并完成如下记录(表3-12、表3-13)

水平角观测手簿   表3-12

日期_____ 天气_____ 仪器号_____ 观测者_____ 记录者_____

测站	测回序号	竖盘位置	照准点名称	水平度盘读数 (° ′ ″)	半测回角值 (° ′ ″)	一测回角值 (° ′ ″)	各测回平均角值 (° ′ ″)
	第一测回						
	第二测回						

续上表

测站	测回序号	竖盘位置	照准点名称	水平度盘读数 (° ′ ″)	半测回角值 (° ′ ″)	一测回角值 (° ′ ″)	各测回平均角值 (° ′ ″)
		第一测回					
		第二测回					

竖直角观测手簿　　　　　　　　　　　　　　　　　　　　表 3-13

日期_____　天气_____　仪器号_____　观测者_____　记录者_____

测站点名	照准点名称	竖盘位置	竖盘读数 (° ′ ″)	半测回角值 (° ′ ″)	竖盘指标差 (″)	一测回角值 (° ′ ″)	照准觇标位置示意图

五、自我评估与评定反馈

1. 学生自我评估（表 3-14）

学生自我评估表　　　　　　　　　　　　　　　　　　　　表 3-14

实训项目				
小组号		场地号		实训者
序号	检查项目	比重分	要　　求	自我评定
1	任务完成情况	30	按要求按时完成实训任务	
2	测量误差	20	成果符合限差要求	
3	实训记录	20	记录规范、完整	
4	实训纪律	15	不在实训场地打闹，无事故发生	
5	团队合作	15	服从组长的任务分工安排，能配合小组其他成员工作	

实训反思：

小组评分：_____　　　　　　　　　　　　　　　　　　组长：_____

2. 教师评定反馈(表3-15)

教师评定反馈表   表3-15

实训项目				
小组号		场地号	实训者	
序号	检查项目	比重分	要　　求	考核评定
1	操作程序	20	操作动作规范,操作程序正确	
2	操作速度	20	按时完成实训	
3	安全操作	10	无事故发生	
4	数据记录	10	记录规范,无涂改	
5	测量成果	30	计算正确,成果符合限差要求	
6	团队合作	10	小组各成员能相互配合,协调工作	

存在问题:

考核教师:_____　　　　　　　　　____年___月___日

任务3　检验和校正经纬仪

一、资讯

经纬仪使用之前应当经过检验,必要时还需要对可调部件进行校正。经纬仪检验和校正的内容较多,但通常只进行主要轴线间几何关系的检校。

1. 经纬仪应满足的几何条件

如图3-14所示,经纬仪的主要轴线有:仪器的旋转轴(即竖轴)VV;照准部水准管轴LL;望远镜的旋转轴(即横轴)HH;望远镜视准轴CC。各轴线之间应满足的几何条件有:

①照准部水准管轴应垂直于仪器竖轴($LL \perp VV$)。

②横轴应垂直于仪器竖轴($HH \perp VV$)。

③望远镜视准轴应垂直于横轴($CC \perp HH$)。

④望远镜十字丝竖丝应垂直于横轴。

除以上条件外,经纬仪一般还应满足竖盘指标差为零、光学对点器的光学垂线与仪器竖轴重合等条件。

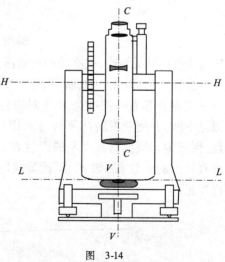

图 3-14

仪器在出厂时,以上各条件一般能满足精度要求,但由于在搬运或长期使用过程中振动、碰撞等原因,各项条件往往会发生变化。因此,在使用仪器作业前,必须对仪器进行检验与校正,即使新仪器也不例外。

2. 经纬仪的检验与校正

(1)照准部水准管轴垂直于竖轴的检校

检验目的:使照准部水准管轴垂直于竖轴。

检验方法:将仪器大致整平,然后转动照准部使水准管平行于一对脚螺旋的连线,调整这一对脚螺旋,使水准管气泡居中。将照准部旋转180°,若气泡仍然居中,则表示条件满足,否则应进行校正。

校正:用校正针拨动水准管校正螺钉,使水准管的一端抬高或降低,让气泡退回偏离中点的一半,另一半调整脚螺旋使其居中。此项检验须反复进行,直至水准管不论转到任何方向,气泡偏离中央不超过半格为止。

经纬仪基座上圆水准器的检验与校正是在照准部水准管校正好后进行的,利用水准管将仪器整平。若圆水准器气泡居中,说明圆水准器位置正确,不必校正;若气泡不居中,可拨动圆水准器校正螺钉,使气泡居中。

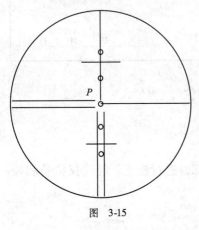

图 3-15

(2)十字丝竖丝垂直于横轴的检校

检验目的:使十字丝竖丝垂直于横轴。

检验方法:将仪器整平,使望远镜十字丝交点对准远方一点目标 P,旋紧度盘制动螺旋,然后旋转望远镜微动螺旋,使其上下微动。如图 3-15 所示,若该点始终都在竖丝上移动,则表示条件满足;如果偏离竖丝,说明竖丝不垂直于横轴。

校正:松开十字丝的两相邻校正螺钉,并转动十字丝环使竖丝始终处于竖直位置。校正好将松动的螺钉旋紧。

(3)视准轴垂直于横轴的检校

检验目的:使视准轴垂直于横轴。视准轴不垂直于横轴所偏离的角度 C 称为视准轴误差。具有视准轴误差的望远镜绕横轴旋转时,视准轴扫出的面不是一个竖直平面,而是一个圆锥面。

检验方法:如图 3-16 所示,选一块长为 60~100m 的平坦场地,在一端设置一点 A,在另一端 B 点横置一把有毫米分划的直尺,直尺要大致与 AB 方向垂直。安置仪器于 A、B 两点中间,并使三者的高度接近。用望远镜十字丝中心对准 A 点,固定照准部及水平度盘,倒转望远镜读出直尺上的读数 B'。转动照准部180°,重新瞄准 A 点,再倒转望远镜读出直尺上的读数 B'',如 B'、B'' 读数相同,则说明视准轴与横轴垂直,否则条件不满足,应进行校正。

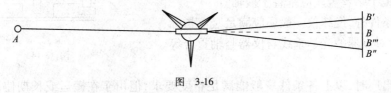

图 3-16

校正:用十字丝竖丝进行校正,即将左右两个十字丝校正螺丝一松一紧,使竖丝从 B'' 移至 B''',$B'''B''$ 为两次读数差的 1/4。此项检验必须重复进行,直到条件满足。

(4)横轴垂直于竖轴的检校

检验目的:使横轴垂直于竖抽。当仪器整平后,若竖轴竖直而横轴不水平,则望远镜绕横轴旋转时,视准轴扫出的是一个倾斜面而不是竖直面。因此,在瞄准同一竖直面内高度不同的目标时,将会得到不同的水平度盘读数,从而影响测角精度,必须进行检校。

检验方法:如图 3-17 所示,离建筑物 10~30m 处安置仪器,在建筑物上固定一直尺,使其大致垂直于视平面,并应与仪器高度大致相同。使望远镜向上倾斜 30°~40°,用望远镜十字丝的交点照准建筑物高处一固定点 P,固定照准部,使在水平方向不能转动。然后将望远镜置于水平位置,根据十字丝交点在墙壁上定出一点 A。盘右位置瞄准 P 点,固定照准部,将望远镜置于水平位置,根据十字丝交点在墙壁上定出一点 B。如果 A、B 点不相同,则说明横轴不垂直于竖轴。

校正:取 A、B 的中点 M,以盘左(或盘右)位置精确照准 M 点,然后固定照准部,抬高望远镜,这时十字丝纵丝必不通过 M 点,而偏向点 P',用校正针拨动支架上横轴校正螺丝,改变支架高度,即抬高或降低横轴的一端,使十字丝交点对准 P 点。此项检校也须反复多次进行。

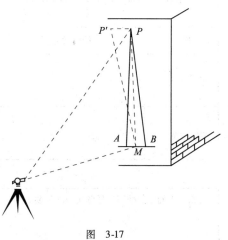

图 3-17

二、下达工作任务(表 3-16)

工 作 任 务 表　　　　　　表 3-16

任务内容:检验经纬仪			
小组号		场地号	
任务要求: 　检验光学经纬仪	工具: 　光学经纬仪 1 台;标杆 2 根;三脚架一个;钢尺 1 把;记录板 1 块	组织: 　1. 全班按每小组 4~6 人分组进行,每小组推选一名组长和一名副组长; 　2. 组长总体负责本组人员的任务分工,要求组内各成员能相互配合,协调工作; 　3. 副组长负责仪器的借领、归还和仪器的安全管理等事务	
组长:_____　副组长:_____　组员:_____			
日期:____年____月____日			

三、制订计划（表3-17、表3-18）

任务分工表　　　　　　　　　　　　　　　　　　表3-17

小组号		场地号	
组长		仪器借领与归还	
仪器号			
分 工 安 排			
序号	检验项目	检验者	记录者或计算者

实施方案设计表　　　　　　　　　　　　　　　　表3-18

（请在下面空白处写出任务实施的简要方案，内容包括操作步骤、实施路线、技术要求和注意事项等）

　

四、实施计划，并完成如下记录

1. 照准部水准管轴垂直于竖轴的检验（表3-19）

水准管轴与竖轴的垂直检验记录表　　　　　　　　表3-19

检验次第	1	2	3	平均	校　正　意　见
气泡偏离格数					

2. 十字丝纵丝垂直于横轴的检验（表3-20）

纵丝与横轴的垂直检验记录表　　　　　　　　　　表3-20

检验次第	1	2	3	平均	校　正　意　见
气泡偏离纵丝的最大距离（mm）					

3. 视准轴误差的检验（1/4法）（表3-21）

视准轴误差的检验记录表　　　　　　　　　　　　　表3-21

检验次第	1	2	3	平均	2C	校 正 意 见
B'B"之长(mm)					$C = \frac{1}{2} \frac{B'B''}{OB} \rho$ =	
OB 之距离(m)						
检验略图						

4. 横轴误差的检验（表3-22）

横轴误差的检验记录表　　　　　　　　　　　　　　表3-22

检验次第	1	2	3	平均	2i	检 验 略 图
AB之长(mm)					$i = \frac{1}{2} \frac{AB}{PM} \rho$ =	
PM 之距离(m)						
校正意见						

五、自我评估与评定反馈

1. 学生自我评估（表3-23）

学生自我评估表　　　　　　　　　　　　　　　　　表3-23

	实训项目					
	小组号		场地号		实训者	
序号	检查项目	比重分	要　　求			自我评定
1	任务完成情况	40	按要求按时完成实训任务			
2	实训记录	20	记录规范、完整			
3	实训纪律	20	不在实训场地打闹，无事故发生			
4	团队合作	20	服从组长的任务分工安排，能配合小组其他成员工作			
实训反思：						

小组评分：　　　　　　　　　　　　　　　　　　　组长：

2. 教师评定反馈(表3-24)

教师评定反馈表　　　　　　　　　　　　　　　　　　表3-24

实训项目					
小组号		场地号		实训者	
序号	检查项目	比重分	要　　求		考核评定
1	操作程序	20	操作动作规范,操作程序正确		
2	操作速度	20	按时完成实训		
3	安全操作	10	无事故发生		
4	数据记录	10	记录规范,无涂改		
5	检验结果	30	计算正确,结果符合要求		
6	团队合作	10	小组各成员能相互配合,协调工作		

存在问题:

考核教师:＿＿＿＿＿＿＿＿＿＿　　　　　　　　　　　　＿＿＿年＿＿＿月＿＿＿日

任务4　钢尺量距

一、资讯

测量中常需测量两点间的水平距离,所谓水平距离是指地面上两点垂直投影到水平面上的直线距离,如图 3-18 所示。实际工作中,需要测定距离的两点一般不在同一水平面上,沿地面直接测量所得距离往往是倾斜距离,需将其换算为水平距离。测定距离的方法有钢尺量距、视距测量、光电测距等。下面主要介绍钢尺量距。

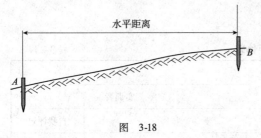

图　3-18

1. 钢尺量距的工具

钢尺量距的工具主要有钢尺、测钎、标杆、锤球等,如图 3-19 所示。

钢尺也称钢卷尺,有架装和盒装两种。尺宽约 1~1.5cm,厚 0.2~0.4mm,长度有 20m、30m、50m 等。

由于尺的零点位置不同,有端点尺和刻线尺的区别。如图 3-20a)所示,端点尺以尺的最外端为尺的零点,从建筑物墙边量距比较方便。如图 3-20b)所示,刻线尺以尺前端的一刻线作为尺的零点,使用时注意区别。

钢尺抗拉强度高,不易拉伸,在工程测量中常用钢尺量距。钢尺性脆,容易折断和生锈,使用时要避免扭折、受潮湿和车轧。

测钎,又称测针,是用来标定所量距离每尺段的起终点和计算整尺段数。标杆,又称花杆,用来显示点位和标定直线的方向。

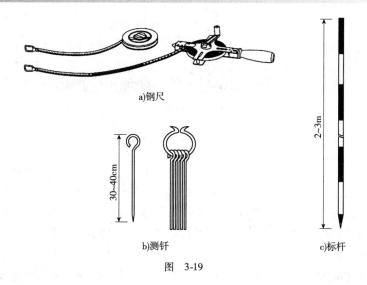

图 3-19

2. 直线定线

在用钢尺进行量距时,若地面上两点间的距离超过一整尺段,或地势起伏较大,此时要在直线方向上设立若干点,将全长分成几个等于或小于尺长的分段,以便分段丈量,这项工作称为直线定线。在一般距离测量中常用目视定线法,而在量距精度要求较高时,可采用经纬仪定线法。

(1) 目视定线

如图 3-21 所示,设有互相通视的 A、B 两点,若要在 A、B 两点间的直线上标定出 1、2 等点,先在 A、B 两点上竖立标杆,甲站在 A 点标杆后约 1m 处,乙手持标杆站在两点之间需定点的位置,甲负责指挥乙左右移动,直到乙所持的标杆与 A、B 两点上的标杆成一直线为止。

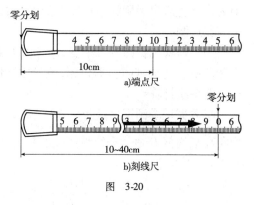

图 3-20

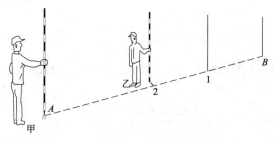

图 3-21

(2) 经纬仪定线

当量距精度要求较高时,应采用经纬仪定线法。如图 3-22 所示,欲在 A、B 两点间精确定出 1、2……点的位置,可将经纬仪安置于 A 点,用望远镜瞄准 B 点,固定照准部制动螺旋,然后将望远镜向下俯视,将十字丝交点投到木桩上,并钉小钉以确定出 1 点的位置,同法可定出其余各点。

3. 钢尺量距

(1) 平坦地面的丈量

①往测

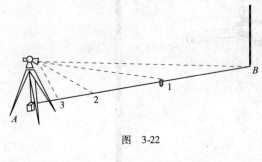

图 3-22

平坦地面的丈量工作，需由 A 至 B 沿地面逐个标出整尺段位置，以及丈量末端不足整尺段的余长，具体丈量方法如下：依距前进方向分前后尺手，后尺手执尺之零端，将零点对准 A 点标记；前尺手持尺盖并携花杆和测钎，沿 AB 方向前进，行至一尺段处停下，听从后尺手指挥左右移动花杆，直至垂直定位在 AB 方向线上，拉紧钢尺，在后尺手叫"预备——好"时，迅速在整尺段注记处插下测钎，此为一尺段。然后两位尺手同时提尺前进。当后尺手行至测钎处叫停，同上法再量第二尺段，量距后尺手将测钎收起。依次测量其后各尺段，到最后一个不足整尺的尺段时，前尺手将尺上某一整厘米分划对准 B 标记，后尺手在尺的零端附近读出测钎处精确的厘米及毫米数，两数相减即为余长。后尺手所收测钎数即为整尺数，整尺数乘尺长加余长即得 AB 距离。

②返测

为了检核和提高测量精度，还应由 B 点按同样的方法量至 A 点，称为返测。前后尺手同时转向由 B 点向 A 点方向量距，测计方法同往测。

③记录计算

将数据记录到钢尺量距手簿（表 3-25）。用往返测距离丈量之差的绝对值 $|\Delta D|$ 与往返测距离平均值 $\bar{D}$ 之比来衡量测距的精度。通常将该比值化为分子为 1 的分数形式，称为相对误差，用 K 表示。

$$K = \frac{|D_{往} - D_{返}|}{\frac{D_{往} + D_{返}}{2}} = \frac{|D_{往} - D_{返}|}{\bar{D}} = \frac{1}{\bar{D}/|D_{往} - D_{返}|} \tag{3-9}$$

当量距相对误差符合精度要求时，取往、返两次丈量结果平均值作为 AB 的距离，否则，应重测。

$$D_{AB} = \bar{D} = \frac{D_{往} + D_{返}}{2} \tag{3-10}$$

钢尺量距的相对误差一般不应超过 1/3000，在量距较困难的地区，其相对误差也不应超过 1/1000。

钢尺量距手簿(尺长:30m)　　　　　　　　　　　　　　表 3-25

线段	往测长度(m)		返测长度(m)		|往—返|(m)	平均长度(m)	相对精度
	尺段数	余长	尺段数	余长			
A-B	3	25.601	3	25.592	0.009	115.596	1/12800
	115.601		115.592				
B-C	3	17.232	3	17.207	0.025	107.220	1/4300
	107.232		107.207				

(2)倾斜地面的丈量

①平量法

如图3-23所示,当地面坡度或高低起伏较大时,可采用平量法丈量距离。丈量时,后尺手将钢尺的零点对准 A 点,前尺手沿 AB 直线将钢尺前端抬高,必要时尺段中间有一托尺,目估使尺子水平,地面点与悬空的钢尺间的对应关系通过悬挂锤球来解决,然后用锤球尖将尺段的末端投于地面上,再插以测钎,此点即为1点。此时锤球线在尺子上指示的读数即为 A 点和1点间的水平距离。同法继续丈量其余各尺段。当丈量至 B 点时,应注意锤球尖必须对准 B 点。为了方便丈量工作,平量法往返测均应由高向低丈量。精度符合要求后,取往返丈量之平均值作为最后结果。

②斜量法

当倾斜地面的坡度较大且变化较均匀,如图3-24所示,可以沿斜坡丈量出 A、B 两点间的斜距 L,测出地面倾斜角 α。或 A、B 两点的高差 h_{AB},按下式计算 AB 的水平距离:

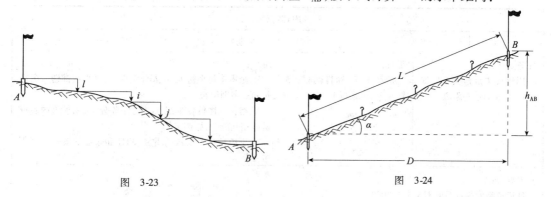

图 3-23　　　　　　　　　　　图 3-24

$$D_{AB} = \sqrt{L_{AB}^2 - h_{AB}^2} = L_{AB} \cdot \cos\alpha_{AB} \tag{3-11}$$

4.钢尺量距误差及注意事项

任何测量工作都不可避免地存在误差,钢尺量距也是如此。其误差主要来源于尺长误差、温度变化误差、拉力误差、钢尺不水平误差、定线误差、丈量本身误差等。分析这些误差并通过采取措施可消除或减小对量距的影响。

(1)尺长误差

用钢尺名义长度计算丈量的结果,因名义长度与实际长度不符,就会产生尺长误差,而且距离越长,反映越明显。如果对量距精度要求高时要加尺长改正。

(2)温度变化误差

钢尺长度随着外界气温的变化也会发生变化。当量距时的温度与检定温度不同时,会产生此误差。需要指出的是,丈量时的空气温度与地面温度往往是不一样的,尤其是夏天在水泥地面上丈量时,尺子和空气的温度相差很大,为减小这一误差的影响,量距工作宜选择在温度变化较小的阴天进行。

(3)拉力误差

钢尺长度随拉力的增大而变长,当量距时施加的拉力与检定时的拉力不同时,会产生拉力误差。因此,量距时应施加检定时的标准拉力。但在一般丈量时,只要用手保持拉力即可满足精度要求,而作较精确丈量时,需使用弹簧秤控制拉力。

(4)尺子不水平的误差

直接丈量水平距离时,钢尺应尽量水平,否则会产生距离增长的误差。

(5)定线误差

当丈量的两点间距离超过一个整尺段时,需要进行定线。若定线有误差,将直线量成一条折线,实际上距离就量长了。对于一般量距用目估定线可以满足要求。

(6)丈量本身误差

如钢尺两端点刻划与地面标志点未对准所产生的误差、插测钎误差、估读误差等都属于丈量本身误差。这一误差系偶然误差,无法完全消除,作业时应尽量仔细认真对待。

二、下达工作任务(表3-26)

工作任务表 表3-26

任务内容:钢尺量距		
小组号		场地号
任务要求: 用钢尺丈量地面上已知两点A、B的水平距离	工具: 钢尺1把;标杆两根;测钎4个;记录板1个	组织: 1. 全班按每小组4~6人分组进行,每小组推选一名组长和一名副组长; 2. 组长总体负责本组人员的任务分工,要求组内各成员能相互配合,协调工作; 3. 副组长负责仪器的借领、归还和仪器的安全管理等事务
技术要求: 往返量距的相对误差不大于1/3000		
组长:_____ 副组长:_____ 组员:_____		
		日期:___年__月__日

三、制订计划(表3-27、表3-28)

任务分工表 表3-27

小组号		场地号	
组长		仪器借领与归还	
仪器号			
分 工 安 排			
序号	测段	观测者	记录者或计算者	拉尺者

实施方案设计表	表3-28

（请在下面空白处写出任务实施的简要方案，内容包括操作步骤、实施路线、技术要求和注意事项等）

四、实施计划，并完成如下记录（表3-29）

钢 尺 量 距 手 簿	表3-29

日期_____ 天气_____ 仪器号_____ 尺长_____m

观测者_____ 记录者_____

线段	往测长度(m)		返测长度(m)		|往—返|(m)	平均长度(m)	相对精度
	尺段数	余长	尺段数	余长			

五、自我评估与评定反馈

1. 学生自我评估（表3-30）

学生自我评估表	表3-30

实训项目				
小组号		场地号		实训者
序号	检查项目	比重分	要求	自我评定
1	任务完成情况	30	按要求按时完成实训任务	
2	测量误差	20	成果符合限差要求	
3	实训记录	20	记录规范、完整	

续上表

序号	检查项目	比重分	要求	自我评定
4	实训纪律	15	不在实训场地打闹,无事故发生	
5	团队合作	15	服从组长的任务分工安排,能配合小组其他成员工作	

实训反思:

小组评分:_____　　　　　　　　　　　　　　　　　　　组长:_____

2. 教师评定反馈(表3-31)

教师评定反馈表　　　　　　　　　　　　　　　　　　　　　　　表3-31

实训项目				
小组号		场地号		实训者
序号	检查项目	比重分	要求	考核评定
1	操作程序	20	操作动作规范,操作程序正确	
2	操作速度	20	按时完成实训	
3	安全操作	10	无事故发生	
4	数据记录	10	记录规范,无涂改	
5	测量成果	30	计算正确,成果符合限差要求	
6	团队合作	10	小组各成员能相互配合,协调工作	

存在问题:

考核教师:_____　　　　　　　　　　　　　　　　____年____月____日

任务5　水平距离和水平角放样

一、资讯

测设就是根据已有的控制点或地物点,按工程设计要求,将建(构)筑物的特征点在实地上标定出来。因此,首先要确定特征点与控制点或原有建筑物之间的角度、距离和高程关系,这些关系称为测设数据,然后利用测量仪器,根据测设数据将特征点测设于地面,也称放样。测设的基本工作包括水平距离测设、水平角测设和高程测设。高程的测设方法在项目二中已经讲述,在此不再重复。下面介绍水平距离测设和水平角测设。

1. 水平距离的测设

水平距离的测设是根据给定的起点和方向,按设计要求,标定出线段的终点位置。

如图 3-25 所示,测设给定的水平距离 AB,当精度要求不高时,可用钢尺从已知起点 A 开始,根据所给定的水平距离,沿已知方向定出水平距离的另一端点 B'。为了校核,将钢尺移动 10～20cm,同法再测设一点 B",若两次点位之差在限差之内,则取两次端点平均位置 B 作为最后的位置。

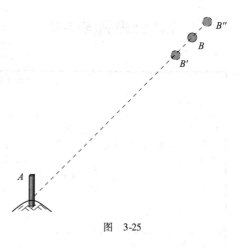

图 3-25

2. 水平角的测设

水平角测设是根据一个已知方向及所给定的角值在地面上标定出该角的另一个方向。

（1）一般方法

如图 3-26 所示,OA 为已知方向,欲测设水平角 $\angle AOP = \beta$,定出该角的另一边 OP,可按下列步骤进行操作:

①安置经纬仪于 O 点,盘左瞄准 A 点,同时配水平度盘读数为略大于零。
②顺时针旋转照准部,使水平度盘读数增加 β,在视线方向定出一点 P'。
③倒转望远镜成盘右,瞄准后视点 A,读取度盘读数。
④顺时针旋转照准部,使水平度盘读数增加 β,在视线方向定出一点 P"(OP' = OP")。

若 P' 和 P" 重合,则所测设之角即为该点。若 P' 和 P" 不重合,取 P' 和 P" 的中点 P,则 $\angle AOP$ 就是所测设的 β 角。P 为 P' 和 P" 的中点,此方法亦称盘左、盘右取中法。

（2）精确方法

当水平角测设精度要求较高时,可采用垂线支距法进行改正。如图 3-27 所示,在 O 点安置经纬仪,先用盘左盘右取中法测设 β 角,在地面上确定 P' 点。再用测回法多个测回测出 $\angle AOP'$ 得 β'。设 $\Delta\beta = \beta' - \beta$,根据 $\Delta\beta$ 和 OP' 的长度 D,计算垂线支距 ε:

$$\varepsilon = D\tan(\beta' - \beta) = D \cdot \frac{(\beta' - \beta)''}{206265''} \qquad (3-12)$$

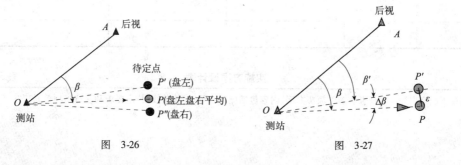

图 3-26　　　　　　　　　图 3-27

过 P' 点作 OP' 的垂线,从 P' 点沿垂线方向向外侧($\Delta\beta < 0$ 时)或向内侧($\Delta\beta > 0$ 时)量支距 ε,定出 P 点,则 $\angle AOP$ 就是所测设的 β 角。为了检核,再用测回法测出 $\angle AOP$,其值与 β 角之差应小于限差。

二、下达工作任务（表3-32）

工作任务表　　　　　　　　　　　表3-32

任务内容：测设水平距离和水平角			
小组号		场地号	
任务要求： 　　测设一段水平距离和一个水平角	工具： 　　光学经纬仪1台；标杆1对；三脚架一个；钢尺一把；记录板1块		组织： 　　1. 全班按每小组4~6人分组进行，每小组推选一名组长和一名副组长； 　　2. 组长总体负责本组人员的任务分工，要求组内各成员能相互配合，协调工作； 　　3. 副组长负责仪器的借领、归还和仪器的安全管理等事务
技术要求： 　　角度测设的限差不大于±40″，距离测设的相对误差不大于1/3000			
组长：_____　副组长：_____　组员：_____ 　　　　　　　　　　　　　　　　　　日期：___年___月___日			

三、制订计划（表3-33、表3-34）

任务分工表　　　　　　　　　　　表3-33

小组号		场地号	
组长		仪器借领与归还	
仪器号			
分工安排			
序号	测设数据计算	操作者	

实施方案设计表　　　　　　　　　　　表3-34

（请在下面空白处写出任务实施的简要方案，内容包括操作步骤、实施路线、技术要求和注意事项等）

四、实施计划,并完成如下记录

1. 水平距离测量记录

直线 AB:第一次 = _____ m,第二次 = _____ m,平均 = _____ m。

2. 水平角的测量记录(表3-35)

水平角的测量记录表　　　　　　　　　　　　　　　表3-35

日期_____　天气_____　仪器号_____　观测者_____　记录者_____

测点	盘位	目标	水平度盘读数 (° ′ ″)	水平角(° ′ ″)		示意图
				半测回值	一测回值	

经计算得:ε = _____ mm。

五、自我评估与评定反馈

1. 学生自我评估(表3-36)

学生自我评估表　　　　　　　　　　　　　　　　　表3-36

实训项目					
小组号		场地号		实训者	
序号	检查项目	比重分	要　　求		自我评定
1	任务完成情况	30	按要求按时完成实训任务		
2	放样误差	20	误差符合限差要求		
3	实训记录	20	记录规范、完整		
4	实训纪律	15	不在实训场地打闹,无事故发生		
5	团队合作	15	服从组长的任务分工安排,能配合小组其他成员工作		
实训反思:					
小组评分:_____				组长:_____	

2. 教师评定反馈(表3-37)

教师评定反馈表　　　　　　　　　　　　　表3-37

实训项目					
小组号		场地号		实训者	
序号	检查项目	比重分	要　求		考核评定
1	操作程序	20	操作动作规范,操作程序正确		
2	操作速度	20	按时完成实训		
3	安全操作	10	无事故发生		
4	数据记录	10	记录规范,无涂改		
5	放样成果	30	计算正确,成果符合限差要求		
6	团队合作	10	小组各成员能相互配合,协调工作		
存在问题:					
考核教师:＿＿＿＿＿				＿＿＿年＿＿月＿＿日	

任务6　实施导线测量

一、资讯

1. 平面控制测量

测量工作必须遵循"从整体到局部,由高级到低级,先控制后碎部"的原则,即先在全测区范围内,选定若干个具有控制作用的点位,组成一定的几何图形,即建立控制网,以较精确的方法,测定这些点位的平面位置和高程,然后根据控制网进行碎部测量和测设。测定控制点的工作,称为控制测量。控制测量分为平面控制测量和高程控制测量。高程控制测量是测定控制点的高程(H),测量方法在项目二中已介绍,在此不再重复。平面控制测量是测定控制点的平面位置(x,y),下面介绍平面控制测量。

由于控制点间所构成的几何图形不同,平面控制测量可分为三角测量和导线测量。如图3-28所示为国家平面控制网,按控制次序和施测精度分为一、二、三、四等,按先高级后低级,逐级加密的原则建立。其中,一等三角网是国家平面控制网的骨干,二等三角网设于一等三角网内,是国家平面控制网的全面基础。如图3-29所示,可以用导线测量方法建立控制网。将控制点A、1、2、3、4、5用折

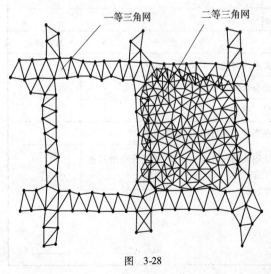

图 3-28

线连接起来,测量各边的边长和各转折角,由起算边 BA 的起始数据,可以计算出1、2、3、4、5点的坐标。用三角测量和导线测量的方法测定的平面控制点分别称为三角点和导线点。

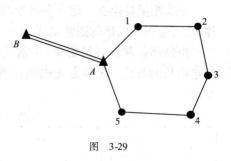

图 3-29

在城市或厂矿等地区,一般应在国家控制点的基础上,根据测区的大小、城市规划和施工测量的要求,布设成不同等级的平面控制网,以供测绘大比例尺地形图及施工测量使用。

按住房和城乡建设部2011年发布的《城市测量规范》(CJJ/T 8—2011),城市平面控制网的主要技术要求见表3-38和表3-39。

光电测距导线的主要技术要求　　　　　　　　　　　表3-38

等级	闭合环或附合导线长度(km)	平均边长(m)	测距中误差(mm)	测角中误差(″)	导线全长相对闭合差
三等	15	3000	≤±18	≤±1.5	≤1/60000
四等	10	1600	≤±18	≤±2.5	≤1/40000
一级	3.6	300	≤±15	≤±5	≤1/14000
二级	2.4	200	≤±15	≤±8	≤1/10000
三级	1.5	120	≤±15	≤±12	≤1/6000

钢尺量距导线的主要技术要求　　　　　　　　　　　表3-39

等级	附合导线长度(km)	平均边长(m)	往返丈量较差相对误差	测角中误差(″)	导线全长相对闭合差
一级	2.5	250	≤1/20000	≤±5	≤1/10000
二级	1.8	180	≤1/15000	≤±8	≤1/7000
三级	1.2	120	≤1/10000	≤±12	≤1/5000

直接供地形测图使用的控制点为图根控制点,简称图根点。测定图根点位置的工作称为图根控制测量。图根点应有足够的密度,密度大小取决于测图比例尺的大小和地形的复杂程度。平坦开阔地区图根点的密度规定见表3-40;地形复杂、隐蔽以及城市建筑区,应以满足测图需要并结合具体情况加大密度。

平坦开阔地区图根点的密度(单位:点/km²)　　　　　　表3-40

测图比例尺	1:500	1:1000	1:2000
图根点密度	150	50	15

下面用导线测量方法介绍小地区(面积在15km²以下)平面控制网建立。

2. 导线测量

将测区内的相邻控制点连成直线而构成的折线图形称为导线。导线测量就是依次测定导线边的长度和各转折角,根据起始数据,即可求出各导线点的坐标。

导线测量是建立小地区平面控制网的主要方法,特别适用于地物分布比较复杂的城市建筑区、通视较困难的隐蔽地区、带状地区以及地下工程等控制点的测量。

用经纬仪测定各转折角,用钢尺测定其边长的导线,称为经纬仪导线;用光电测距仪测定边长的导线,则称为光电测距导线。表3-41、表3-42 为两种图根导线量距的技术要求。

图根光电测距导线测量的技术要求　　　　　表3-41

比例尺	附合导线长度(m)	平均边长(m)	导线相对闭合差	测回数 DJ$_6$	方位角闭合差(″)	测距仪器精度	测距方法与测回数
1:500	900	80	≤1/4000	1	≤±40$\sqrt{n}$	II级	单程观测 1
1:1000	1800	150					
1:2000	3000	250					

注:n 为测站数。

图根钢尺量距导线测量的技术要求　　　　　表3-42

比例尺	附合导线长度(m)	平均边长(m)	导线相对闭合差	测回数 DJ$_6$	方位角闭合差(″)
1:500	500	75	≤1/2000	1	≤±60$\sqrt{n}$
1:1000	1000	120			
1:2000	2000	200			

注:n 为测站数。

(1) 导线测量的布设形式

根据测区的地形及测区内控制点的分布,导线布设形式可分为下列3种。

① 闭合导线

如图3-30 所示,从已知控制点出发,经过导线点1、2、3、4、5、6 后回到1 点,组成一个闭合多边形,称为闭合导线。闭合导线的优点是图形本身有着严密的几何条件,具有检核作用。

② 附合导线

如图3-31 所示,从已知控制点A、B 出发,经过导线点1、2、3、4,最后附合到另两个已知控制点C、D,构成一折线的导线,称为附合导线。附合导线的优点是具有检核观测成果的作用。

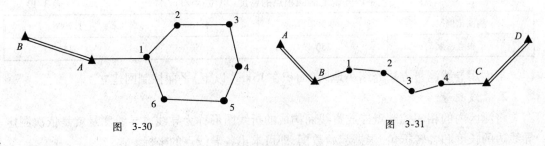

图 3-30　　　　　　　　　　　　　　　图 3-31

③支导线

如图3-32所示,从已知控制点 A、B 出发,即不闭合原已知点,也不附合另一已知点的导线,称为支导线。由于支导线没有检核,因此,边数一般不超过4条。

上面三种导线布设形式,附合导线较严密,闭合导线次之,支导线只在个别情况下的短距离时使用。

(2)导线测量的外业工作

导线测量的外业工作包括踏勘选点、量边、测角和连测等。

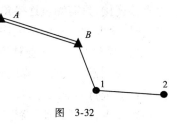

图 3-32

①踏勘选点及建立标志

选点前,应先调查收集有关地形图和控制点资料,并在图上规划导线的布设方案,然后踏勘现场,根据测区的范围、地形条件、已有的控制点和施工要求,合理地选定导线点。选点时,应注意以下要求:相邻点间通视良好,地势较平坦,便于测角和量距;导线点应选在土质坚实、便于保存标志和安置仪器的地方;尽量选在视野开阔处,以便施测碎部;导线各边的长度应尽可能大致相等,其平均边长应符合表3-41、表3-42规定;导线点应有足够的密度,分布均匀合理,便于控制整个测区。

导线点选定后,一般可用临时性标志将点固定。一般在每个点位上打入一个大木桩,桩顶钉一小钉,周围浇筑混凝土,如图3-33所示。如果导线点需要长期保存,应埋设混凝土桩或石桩,桩顶刻一"十"字,以"十"字的交点作为点位的标志,如图3-34所示。导线点建立完后,应统一编号。

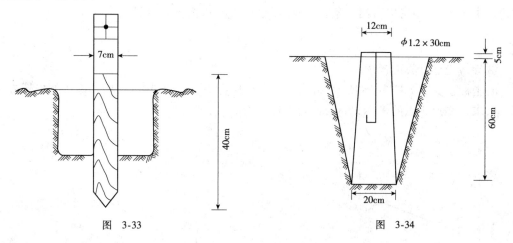

图 3-33   图 3-34

②量边

导线边长可以用光电测距仪测定,也可以用检定过的钢尺进行丈量,有关要求见表3-41、表3-42。对于图根导线应往返丈量一次。

③测角

导线的转折角有左角(位于导线前进方向左侧的角)和右角(位于导线前进方向右侧的角)之分。对于附合导线,通常观测左角,对于闭合导线,应观测其内角。图根导线测量一般用 DJ_6 型光学经纬仪观测一测回,盘左、盘右测得角值互差要小于40″,取其平均值作为最后结果。

④连测

为了使测区的导线点坐标与国家或地区坐标系统相统一,取得坐标、方位角的起算数据,布设的导线应与高一级控制点进行连测。连接方式有直接连接和间接连接两种,图3-29为直接连接,只需测量连接角 β_A。图3-30为间接连接,需要测量连接距离 D_{A1} 和连接角 β_A。连测时,角度和距离的精度均应比实测导线高一个等级。

(3)导线测量的内业计算

导线测量的内业计算的目的就是根据已知的起始数据和外业的观测成果计算出导线点的坐标。进行内业工作以前,要仔细校核所有外业成果有无遗漏、记错、算错,成果是否都符合精度要求,保证原始资料的准确性。然后绘制导线略图,在相应位置注明已知数据及观测数据,以便进行导线的计算。

①直线定向和坐标方位角的概念

确定地面上两点的相对位置,仅知道两点间的水平距离是不够的,还必须确定此直线与标准方向之间的水平角。确定一条直线与标准方向之间的水平角度,称为直线定向。直线定向时,常用坐标纵轴方向。测量平面直角坐标系中的纵轴(x 轴)方向线,称为该点的坐标纵轴方向。由标准方向的北端起,顺时针方向量到某一直线的夹角,称为该直线的方位角,取值范围 $0° \sim 360°$。坐标方位角由坐标纵轴方向的北端起,顺时针量到直线间的夹角,称为该直线的坐标方位角,常简称方位角,用 α 表示。一条直线有正反两个方向,我们把直线前进方向称为直线的正方向。如图3-35所示,以1点为起点、2点为终点的直线1-2,其坐标方位角 α_{12},称为直线1-2的正方位角。而直线2-1的坐标方位为 α_{21},称为直线1-2的反坐标方位角。由图3-35中可以看出一条直线正、反坐标方位角相差 $180°$,即:

$$\alpha_{21} = \alpha_{12} \pm 180° \tag{3-13}$$

②导线坐标计算的概念

a. 坐标正算。如图3-36所示,由已知1点坐标为 x_1、y_1,已知边长 D_{12} 和该边的坐标方位角 α_{12},求未知点2点的坐标 x_2、y_2,称为坐标正算。

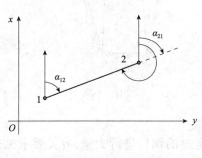

图 3-35

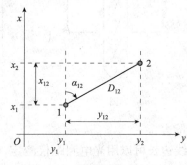

图 3-36

直线两端点的坐标之差,称为坐标增量。

直线1-2坐标增量的计算公式为:

$$\begin{cases} \Delta x_{12} = x_2 - x_1 \\ \Delta y_{12} = y_2 - y_1 \end{cases} \tag{3-14}$$

而由图 3-36 的几何关系有：

$$\begin{cases} \Delta x_{12} = D_{12} \cdot \cos\alpha_{12} \\ \Delta y_{12} = D_{12} \cdot \sin\alpha_{12} \end{cases} \tag{3-15}$$

坐标增量有方向，有正、负之分，其正、负号由 $\cos\alpha_{12}$、$\sin\alpha_{12}$ 的正负号决定，即由 α_{12} 所在的象限决定。

根据 1 点的坐标及算得的坐标增量，则 2 点的坐标为：

$$\begin{cases} x_2 = x_1 + \Delta x_{12} \\ y_2 = y_1 + \Delta y_{12} \end{cases} \tag{3-16}$$

b. 坐标反算。如图 3-36 所示，假设已知 1 点和 2 点坐标，求其坐标方位角 α_{12} 和边长 D_{12}，称为坐标反算。导线测量中的已知边的方位角一般是根据坐标反算求得的。另外，在施工前也需要按坐标反算求出放样数据。

坐标反算公式如下：

$$D_{12} = \sqrt{\Delta x_{12}^2 + \Delta y_{12}^2} \tag{3-17}$$

$$\alpha_{12} = \arctan \frac{\Delta y_{12}}{\Delta x_{12}} \tag{3-18}$$

须注意，α_{12} 所在的象限应根据 Δx_{12}、Δy_{12} 的正负号判断。

③闭合导线坐标的计算

a. 将校核过的已知数据和观测数据填入闭合导线坐标计算表中相应栏内，见表 3-43。

b. 角度闭合差的计算和调整：闭合导线组成一个闭合多边形，并观测了多边形的各个内角，应满足内角的理论值，即：

$$\sum \beta_{理} = (n-2) \times 180° \tag{3-19}$$

由于观测角不可避免的含有误差，致使实测角的内角之和 $\sum \beta_{测}$ 不等于理论值，而产生了角度闭合差 f_β，即：

$$f_\beta = \sum \beta_{测} - \sum \beta_{理} \tag{3-20}$$

导线角度闭合差的容许值 $f_{\beta容}$ 见表 3-41、表 3-42。若 f_β 超过 $f_{\beta容}$，则说明所测角度不符合要求，应重新检测角度。若 f_β 不超过 $f_{\beta容}$，可将闭合差反符号平均分配到各观测角中。改正后的内角之和应为 $(n-2) \times 180°$，作为计算校核。

c. 推算各边坐标方位角。

根据起始边的坐标方位角和改正后的内角推算其余各边坐标方位角的公式为：

$$\alpha_前 = \alpha_后 + \beta_左 \pm 180° \tag{3-21}$$

$$\alpha_前 = \alpha_后 - \beta_右 \pm 180° \tag{3-22}$$

计算时，算出的方位角大于 360°，应减去 360°；为负值时，应加 360°。

闭合导线各边的坐标方位角计算完后，最终还要推算回起始边上，看其是否与原来的坐标方位角相等，以此作为计算检核。

d. 坐标增量的计算及其闭合差的调整。

欲求待定点的坐标，必须先求出各边的坐标增量。坐标增量可由式(3-15)计算得到，即：

$$\begin{cases} \Delta x_{ij} = D_{ij} \cdot \cos\alpha_{ij} \\ \Delta y_{ij} = D_{ij} \cdot \sin\alpha_{ij} \end{cases} \tag{3-23}$$

闭合导线坐标计算表

表 3-43

点名	角度观测值(右) (° ′ ″)	改正后角值 (° ′ ″)	坐标方位角 (° ′ ″)	边长(m)	坐标增量(m) Δx	坐标增量(m) Δy	改正后坐标增量(m) Δx̂	改正后坐标增量(m) Δŷ	坐标(m) x	坐标(m) y
A			48 43 18						536.27	328.74
				115.10	−2 +75.93	+2 +86.50	+75.91	+86.52		
1	97 03 00 +12	97 03 12	131 40 06						612.18	415.26
				100.09	−2 −66.54	+2 +74.77	−66.56	+74.79		
2	105 17 06 +12	105 17 18	206 22 48						545.62	490.05
				108.32	−2 −97.06	+2 −48.13	−97.06	−48.11		
3	101 46 24 +12	101 46 36	284 36 12						448.56	441.94
				94.38	−2 +23.78	+1 −91.33	+23.78	−91.32		
4	123 30 06 +12	123 30 18	341 05 54						472.34	350.62
				67.58	−1 +63.94	+1 −21.89	+63.93	−21.88		
A	112 22 24 +12	112 22 36	48 43 18						536.27	328.74
1										
Σ	539 59 00	540 00 00		485.47	+0.09	−0.08	0	0		

辅助计算

$f_\beta = \Sigma\beta_测 - \Sigma\beta_理 = -60''$

$f_{\beta容} = \pm 60''\sqrt{5} = \pm 134''$

$\begin{cases} f_x = \Sigma\Delta x_测 = +0.09\text{m} \\ f_y = \Sigma\Delta y_测 = -0.08\text{m} \end{cases}$

导线全长闭合差 $f_D = \sqrt{f_x^2 + f_y^2} = 0.120\text{m}$

导线全长相对闭合差 $K = \dfrac{1}{\Sigma D/f_D} = \dfrac{1}{4000}$

导线全长闭合差容许值 $K_容 = \dfrac{1}{2000}$

因此，精度符合要求。

对于闭合导线,各边的纵、横坐标增量代数和的理论值应等于零,即:

$$\begin{cases} \sum \Delta x_{理} = 0 \\ \sum \Delta y_{理} = 0 \end{cases} \quad (3\text{-}24)$$

实际上,由于量边的误差和角度闭合差调整后的残余误差,往往使 $\sum \Delta x_{12测}$、$\sum \Delta y_{12测}$ 不等于零,而产生纵坐标增量闭合差 f_x 和横坐标增量闭合差 f_y,即:

$$\begin{cases} f_x = \sum \Delta x_{测} - \sum \Delta x_{理} = \sum \Delta x_{测} \\ f_y = \sum \Delta y_{测} - \sum \Delta y_{理} = \sum \Delta y_{测} \end{cases} \quad (3\text{-}25)$$

如图3-37所示,由于坐标增量闭合差的存在,使导线不能闭合,1-1′的长度 f_D 称为导线全长闭合差,并用式(3-26)计算:

$$f_D = \sqrt{f_x^2 + f_y^2} \quad (3\text{-}26)$$

令

$$K = \frac{f_D}{\sum D} = \frac{1}{\sum D/f_D} \quad (3\text{-}27)$$

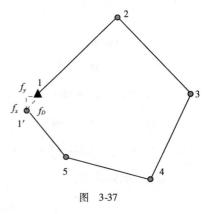

图 3-37

K 为导线全长相对闭合差。不同等级的导线全长闭合差容许值 $K_{容}$ 见表3-41、表3-42。若 K 超过 $K_{容}$,说明成果不合格,应检查内业计算有无错误,然后检查外业观测结果,必要时重测。若 K 不超过 $K_{容}$,说明成果符合精度要求,可以进行调整,即将 f_x 和 f_y 反号按边长成正比分配到各边的纵、横坐标增量中去。以 V_{xi}、V_{yi} 分别表示第 i 边的纵、横坐标增量改正数,即:

$$\begin{cases} V_{xi} = -\dfrac{f_x}{\sum D} D_i \\ V_{yi} = -\dfrac{f_y}{\sum D} D_i \end{cases} \quad (3\text{-}28)$$

纵、横坐标增量改正数之和应满足下式:

$$\begin{cases} \sum V_x = -f_x \\ \sum V_y = -f_y \end{cases} \quad (3\text{-}29)$$

算出的增量、改正数填入计算表。各边增量加改正数,即得到各边改正后的增量。改正后纵、横坐标增量的代数和应分别等于零,以作计算校核。

e. 计算各点坐标。

由起点的已知坐标及改正后的坐标增量,用下式可依次推算出其余各点坐标:

$$\begin{cases} x_{前} = x_{后} + \Delta x_{改} \\ y_{前} = y_{后} + \Delta y_{改} \end{cases} \quad (3\text{-}30)$$

④附合导线坐标的计算

附合导线的坐标计算步骤与闭合导线基本相同,仅由于两者路线不同,致使角度闭合差和坐标增量闭合差的计算稍有不同,下面着重介绍不同点。

a. 角度闭合差的计算和调整。

设有如图 3-38 所示附合导线,根据起始边已知坐标方位角 α_{AB} 及观测的左角,可以计算出终边 CD 的坐标方位角 α'_{CD}。

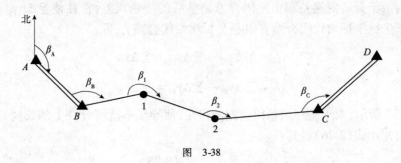

图 3-38

$$\because \alpha_{B1} = \alpha_{AB} + \beta_B + 180°$$

$$\alpha_{12} = \alpha_{B1} + \beta_1 + 180°$$

$$\alpha_{2C} = \alpha_{12} + \beta_2 + 180°$$

$$\alpha'_{CD} = \alpha_{2C} + \beta_C + 180°$$

$$\therefore \alpha'_{CD} = \alpha_{AB} + \sum \beta_{测} + 4 \times 180°$$

写成一般公式为:

$$\alpha'_{终} = \alpha_{始} + \sum \beta_{测} + n \times 180° \tag{3-31}$$

若观测右角,则按下式计算:

$$\alpha'_{终} = \alpha_{始} - \sum \beta_{测} + n \times 180° \tag{3-32}$$

角度闭合差 f_β 用下式计算:

$$f_\beta = \alpha'_{终} - \alpha_{终} \tag{3-33}$$

若 f_β 不超过 $f_{\beta容}$,可将闭合差调整到各观测角中去。当用左角观测时,改正数与 f_β 反号;当用右角观测时,改正数与 f_β 同号;平均分配。

b. 坐标增量闭合差的计算。

按附合导线的要求,各边坐标增量代数和的理论值应等于终、始两点的已知坐标之差,即:

$$\begin{cases} \sum \Delta x_{理} = x_{终} - x_{始} \\ \sum \Delta y_{理} = y_{终} - y_{始} \end{cases} \tag{3-34}$$

则纵坐标增量闭合差 f_x 和横坐标增量闭合差 f_y 计算如下:

$$\begin{cases} f_x = \sum \Delta x_{测} - (x_{终} - x_{始}) \\ f_y = \sum \Delta y_{测} - (y_{终} - y_{始}) \end{cases} \tag{3-35}$$

附合导线的全长闭合差、全长相对闭合差、全长相对闭合差容许值 $K_{容}$ 及坐标增量,与闭合导线相同。附合导线坐标计算见表 3-44。

附合导线坐标计算表

表3-44

点名	角度观测值（左） (° ′ ″)	改正后角值 (° ′ ″)	坐标方位角 (° ′ ″)	边长(m)	坐标增量(m) Δx	坐标增量(m) Δy	改正后坐标增量(m) $\hat{\Delta}x$	改正后坐标增量(m) $\hat{\Delta}y$	坐标(m) x	坐标(m) y
A										
			145 25 00							
B	144 17 06 −9	144 16 57							504.403	472.384
			109 41 57	97.212	+23 −32.768	−24 +91.523	−32.745	91.499		
1	168 24 36 −9	168 24 27							471.658	563.883
			98 06 24	104.731	+25 −14.768	−26 +103.684	−14.743	103.658		
2	183 12 54 −9	183 12 45							456.915	667.541
			101 19 09	92.480	+22 −18.151	−23 +90.681	−18.129	90.658		
3	176 47 24 −8	176 47 16							438.786	758.199
			98 06 25	98.670	+23 −13.915	−24 +97.684	−13.892	97.660		
4	168 36 24 −8	168 36 16							424.894	855.859
			86 42 41	89.451	+21 +5.131	−22 +89.304	5.152	89.282		
C	156 32 42 −8	156 32 34							430.046	945.141
			63 15 15							
D										
Σ	997 51 06	997 50 15		482.544	−74.471	472.876	−74.357	472.757		

辅助计算：

$f_\beta = \Sigma\beta_测 - \Sigma\beta_理 = 51''$ 　导线全长闭合差 $f_D = \sqrt{f_x^2 + f_y^2} = 0.165\text{m}$

$f_{\beta容} = \pm 60''\sqrt{n} = \pm 147''$ 　导线全长相对闭合差 $K = \dfrac{1}{\Sigma D/f_D} = \dfrac{1}{2900}$

$\begin{cases} f_x = -0.014\text{m} \\ f_y = 0.119\text{m} \end{cases}$ 　导线全长闭合差容许值 $K_容 = \dfrac{1}{2000}$

因此，精度符合要求

二、下达工作任务(表3-45)

工 作 任 务 表　　　　　　　　　　表3-45

任务内容:实施导线测量			
小组号		场地号	
任务要求: 1. 进行闭合导线的布设; 2. 完成闭合导线的外业观测工作; 3. 完成导线点的坐标计算	工具: 　光学经纬仪1台;测钎2个;钢尺1把;记录板1个	组织: 1. 全班按每小组4~6人分组进行,每小组推选一名组长和一名副组长; 2. 组长总体负责本组人员的任务分工,要求组内各成员能相互配合,协调工作; 3. 副组长负责仪器的借领、归还和仪器的安全管理等事务	
技术要求: $f_{\beta容} = \pm 60''\sqrt{n}; K_{容} = \dfrac{1}{2000}$			
组长:_____　副组长:_____　组员:_____			
			日期:____年__月__日

三、制订计划(表3-46、表3-47)

任 务 分 工 表　　　　　　　　　　表3-46

小组号		场地号	
组长		仪器借领与归还	
仪器号			
分 工 安 排				
---	---	---	---	---
测段	观测者	记录者	计算者	校核者

实施方案设计表　　　　　　　　　　表3-47

(请在下面空白处写出任务实施的简要方案,内容包括操作步骤、实施路线、技术要求和注意事项等)

四、实施计划,并完成如下记录(表3-48、表3-49和表3-50)

钢 尺 量 距 手 簿　　　　　　　　　　　　　　　　　　　表3-48

日期_____　天气_____　尺长_____　仪器号_____　观测者_____　记录者_____

线段	往测长度(m)		返测长度(m)		往-返 (m)	平均长度 (m)	相对精度
	尺段数	余长	尺段数	余长			

水平角观测手簿　　　　　　　　　　　　　　　　　　　表3-49

日期_____　天气_____　仪器号_____　观测者_____　记录者_____

测站	盘位	测点名	水平度盘读数 (° ′ ″)	半测回角值 (° ′ ″)	一测回角值 (° ′ ″)	各测回平均值 (° ′ ″)

导线坐标计算表

表 3-50

计算表　　　　　检核者

点名	角度观测值 (° ′ ″)	改正后角值 (° ′ ″)	坐标方位角 (° ′ ″)	边长 (m)	坐标增量 (m)		改正后坐标增量 (m)		坐标 (m)	
					Δx	Δy	$\hat{\Delta x}$	$\hat{\Delta y}$	x	y
Σ										
辅助计算	$\Sigma\beta_{理}=$ 角度闭合差 $f_\beta = \Sigma\beta_{测} - \Sigma\beta_{理} =$ 坐标增量闭合差 $f_x = \Sigma\Delta x_{测} - \Sigma\Delta x_{理} =$　　$f_y = \Sigma\Delta y_{测} - \Sigma\Delta y_{理} =$ $f = \sqrt{f_x^2 + f_y^2} =$ 导线相对闭合差 $K = \dfrac{1}{\Sigma d/f} =$　　$K_{容许} =$ 容许闭合差 $f_{\beta容} =$									

五、自我评估与评定反馈

1. 学生自我评估（表3-51）

学生自我评估表　　　　　　　　　　　　　　　　　　　表3-51

实训项目				
小组号		场地号		实训者
序号	检查项目	比重分	要求	自我评定
1	任务完成情况	30	按要求按时完成实训任务	
2	测量误差	20	成果符合限差要求	
3	实训记录	20	记录规范、完整	
4	实训纪律	15	不在实训场地打闹，无事故发生	
5	团队合作	15	服从组长的任务分工安排，能配合小组其他成员工作	
实训反思：				
小组评分：			组长：	

2. 教师评定反馈（表3-52）

教师评定反馈表　　　　　　　　　　　　　　　　　　　表3-52

实训项目				
小组号		场地号		实训者
序号	检查项目	比重分	要求	考核评定
1	操作程序	20	操作动作规范，操作程序正确	
2	操作速度	20	按时完成实训	
3	安全操作	10	无事故发生	
4	数据记录	10	记录规范，无涂改	
5	测量成果	30	计算正确，成果符合限差要求	
6	团队合作	10	小组各成员能相互配合，协调工作	
存在问题：				
考核教师：			年　　月　　日	

任务7　建立施工平面控制网

一、资讯

1. 施工坐标系和测量坐标系换算

为了工作方便，设计和施工时常采用一种独立坐标系，称为施工坐标系。施工坐标系的

纵轴通常用 A 表示，横轴用 B 表示，施工坐标也叫 A、B 坐标。施工坐标的 A 轴和 B 轴，应与主建筑物轴线或主要道路、管线的方向相平行，坐标原点应虚设在总平面图西南角上，使所有建筑物坐标皆为正值。显然，施工坐标系与测量坐标系之间往往不一致，在建立施工控制网时施工坐标系和测量坐标系要进行换算，以使施工控制网和测量控制网建立联系。施工坐标系和测量坐标系之间关系数据由设计文件给出。

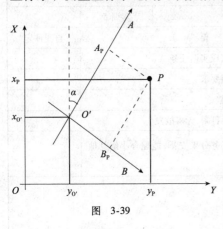

图 3-39

如图 3-39 所示，设 α 为施工坐标系($AO'B$)的纵轴在测量坐标系(XOY)内的方位角，x_0'、y_0' 为施工坐标系原点 O' 在测量系内的坐标值，则 P 点在两坐标系统内的坐标 x_P、y_P 和 A_P、B_P 的关系为：

$$\begin{cases} x_P = x_0' + A_P \cdot \cos\alpha - B_P \cdot \sin\alpha \\ y_P = y_0' + A_P \cdot \sin\alpha + B_P \cdot \cos\alpha \end{cases} \quad (3-36)$$

施工控制网的布设，应根据设计总平面图的布局和施工地区的地形条件确定。对于建筑物布置较规则和密集的大中型建筑场地，施工控制网一般布置成正方形或矩形格网，即建筑方格网；对于面积不大而又简单的小型施工场地，常布置一条或几条建筑基线作为施工测量的平面控制。对于扩建或改建工程的建筑场地，可采用导线网作为施工控制网。下面主要介绍建筑基线和建筑方格网。

2. 建筑基线

在面积不大、地势较平坦的建筑场地上，布设一条或几条建筑基线，作为施工测量的平面控制，称为建筑基线。根据建筑设计总平面图上建筑物的分布、现场地形条件和原有控制点的分布情况，建筑基线可布设成三点直线形、三点直角形、四点丁字形和五点十字形等形式，如图 3-40 所示。建筑基线应尽可能靠近拟建的主要建筑物并与其主要轴线平行或垂直，以便用较简单的直角坐标法进行测设；基线点位应选在通视良好、不受施工影响且不易被破坏的地方。为能长期保存，要埋设永久性的混凝土桩。基线点应不少于 3 个，以便校核。

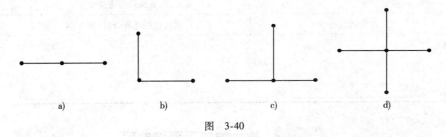

图 3-40

3. 建筑方格网

(1) 建筑方格网的布设

在大中型建筑场地上，由正方形或矩形格网组成的施工控制网，称为建筑方格网，如图3-41所示。建筑方格网是根据设计总平面图中建筑物和各种管线的位置并结合现场的地形条件来布设的。方格网的主轴线应布设在厂区的中部，并与主要建筑物的基本轴线平行。然后再布置其他的方格点。方格网是场区建筑物放线的依据，布网形式可布置成正方形或矩形。当场区面积较大时，常分两级。首级可采用"十"字形、"口"字形或"田"字形，然后再加密方格网。当场区面积不大时，尽量布置成全面方格网。方格网的折角应严格成90°，方格网的边长一般为100～200m；矩形方格网的边长视建筑物的大小和分布而定，为了便于

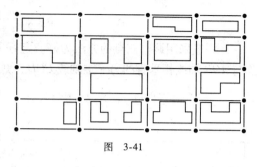

图 3-41

使用，边长尽可能为50m或它的整数倍。方格网的边应保证通视且便于测距和使用，点位标石应能长期保存。

（2）建筑方格网的测设

主轴线的定位是根据测量控制点来测设的。如图3-42所示，P_1、P_2、P_3为测量控制点，A、O、B为主轴线点，以坐标反算方法算出测设数据β_1、s_1、β_2、s_2、β_3、s_3，然后用经纬仪和钢尺以极坐标法测设A、O、B点的概略位置A'、O'、B'，并用混凝土桩把A'、O'、B'标定下来。桩的顶部常设置一块10cm×10cm的铁板供调整点使用。因存在测量误差，3个主轴线点一般不在一条直线上，因此需要在O'点上安置经纬仪，精确地测量$\angle A'O'B'$的角值β，如果它和180°之差超过±10″时，则对A'、O'、B'的点位进行调整。调整的方法如下。

①调整一端点

如图3-43所示，调整A'点至A点，使A、O、B'三点为一直线。调整值δ为：

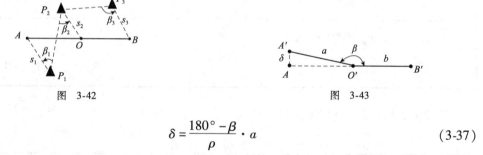

图 3-42　　　　　　　　　　　图 3-43

$$\delta = \frac{180° - \beta}{\rho} \cdot a \tag{3-37}$$

②调整中点

如图3-44所示，调整O'点至O点，使A'、O、B'三点为一直线。调整值δ为：

$$\delta = \frac{ab}{a+b} \cdot \frac{(180° - \beta)}{\rho} \tag{3-38}$$

③调整三点

如图3-45所示，调整A'点至A点，调整B'点至B点，调整O'点至O点，使A、O、B三点为一直线。调整值δ为：

图 3-44　　　　　　　　　　　图 3-45

$$\delta = \frac{ab}{2(a+b)} \cdot \frac{(180°-\beta)}{\rho} \qquad (3-39)$$

一般采用调整三点的方法为好。定好 A、O、B 三个主点后,将经纬仪安置在 O 点,再测设与 AOB 轴线相垂直的另一主轴线 COD。测设时瞄准 A 点,分别向左、右转90°定出 C、D 点。

二、下达工作任务(表3-53)

工作任务表　　　　　　　表3-53

任务内容:建筑基线的调整		
小组号		场地号
任务要求: 　调整好一个有5个轴线点的"十"字形建筑基线	工具: 　DJ₆型经纬仪1台;标杆2根;钢尺1把;记录板1块	组织: 　1. 全班按每小组4~6人分组进行,每小组推选一名组长和一名副组长; 　2. 组长总体负责本组人员的任务分工,要求组内各成员能相互配合,协调工作; 　3. 副组长负责仪器的借领、归还和仪器的安全管理等事务
示意图: 		
组长:_____　副组长:_____　组员:_____		
日期:____年___月___日		

三、制订计划(表3-54、表3-55)

任务分工表　　　　　　　表3-54

小组号		场地号	
组长		仪器借领与归还	
仪器号			
分 工 安 排			
序号	操作者	记录者或计算者	

| 实施方案设计表 | 表 3-55 |

(请在下面空白处写出任务实施的简要方案,内容包括操作步骤、实施路线、技术要求和注意事项等)

四、实施计划,并完成如下记录

1. 水平角 ∠AOB 的测量记录(表 3-56)

水平角观测手簿　　　　　　　　　表 3-56

日期_____　天气_____　仪器号_____
观测者_____　记录者_____

测点	盘位	目标	水平度盘读数 (° ′ ″)	水平角(° ′ ″)		示意图
				半测回值	一测回值	

2. 水平距离 a、b、s 测量记录

直线 a:第一次 = _____ m,第二次 = _____ m,
平均 = _____ m。

直线 b:第一次 = _____ m,第二次 = _____ m,
平均 = _____ m。

直线 s:第一次 = _____ m,第二次 = _____ m,
平均 = _____ m。

3. 计算调整

经计算得:δ = _____ mm;ε = _____ mm。

五、自我评估与评定反馈

1. 学生自我评估（表3-57）

学生自我评估表　　　　　　　　　　　　　表3-57

实训项目					
小组号		场地号		实训者	
序号	检查项目	比重分	要求		自我评定
1	任务完成情况	30	按要求按时完成实训任务		
2	测量误差	20	成果符合限差要求		
3	实训记录	20	记录规范、完整		
4	实训纪律	15	不在实训场地打闹，无事故发生		
5	团队合作	15	服从组长的任务分工安排，能配合小组其他成员工作		
实训反思：					

小组评分：_____　　　　　　　　　　　　　　　组长：_____

2. 教师评定反馈（表3-58）

教师评定反馈表　　　　　　　　　　　　　表3-58

实训项目					
小组号		场地号		实训者	
序号	检查项目	比重分	要求		考核评定
1	操作程序	20	操作动作规范，操作程序正确		
2	操作速度	20	按时完成实训		
3	安全操作	10	无事故发生		
4	数据记录	10	记录规范，无涂改		
5	测量成果	30	计算正确，成果符合限差要求		
6	团队合作	10	小组各成员能相互配合，协调工作		
存在问题：					

考核教师：_____　　　　　　　　　　　_____年___月___日

任务8　认识全站仪

一、资讯

1. 全站仪的认识

全站仪是全站型电子速测仪的简称。全站仪和电子经纬仪外形均由照准部、基座、水平度盘等部分组成，同样采用编码度盘或光栅度盘，读数方式为电子显示。有功能操作键及电源,还配有数据通信接口。不同之处是全站仪的功能键要复杂,它不仅能测角度还能测距离,并能显示坐标以及一些更复杂的数据。

全站仪有许多型号,其外形、体积、重量、性能各不相同。图3-46为瑞得RTS-850型全站仪。

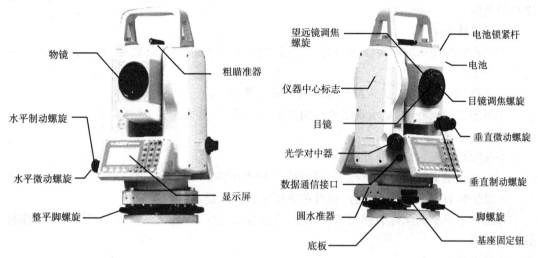

图 3-46

2. 测量前的准备工作

(1)仪器开箱和存放

开箱:轻轻地放下箱子,让其盖朝上,打开箱子的锁栓,开箱盖,取出仪器。

存放:盖好望远镜镜盖,使照准部的垂直制动手轮和基座的水准器朝上,将仪器平卧(望远镜物镜端朝下)放入箱中,轻轻旋紧垂直制动手轮,盖好箱盖,并关上锁栓。

(2)仪器的安置

将仪器安装在三脚架上,精确整平和对中,以保证测量成果的精度。在两观测点A、B分别安置棱镜。

当仪器安置架设完毕,打开电源开关,全站仪已做好准备,可以开始测量。全站仪的生产厂家不同,仪器型号不同,其测量功能和操作都略有不同。下面仅简单介绍全站仪的常规测量功能,详细测量功能和操作方法请参考各种不同型号全站仪的使用说明。

3. 角度测量

①首先在基本测量屏中按[角度]进入角度观测功能。

②盘左瞄准左目标A,按零键,使水平度盘读数显示为0°00′00″,顺时针旋转照准部,瞄准右目标B,读取显示读数。

③同样方法可以进行盘右观测。

④如要测竖直角,可在读取水平度盘的同时读取竖盘的显示读数。

4. 距离测量

①首先从显示屏上确定是否处于距离测量模式,如果不是,则按操作键转换为距离模式。

②照准棱镜中心,这时显示屏上能显示箭头前进的动画,前进结束则完成测量,得出距离,HD为水平距离,SD为倾斜距离。

5. 坐标测量

①首先从显示屏上确定是否处于坐标测量模式,如果不是,则按操作键转换为坐标模式。

②输入本站点及后视点坐标,以及仪器高、棱镜高。

③瞄准棱镜中心,这时显示屏上能显示箭头前进的动画,前进结束则完成坐标测量,得出点的坐标。

6. 距离放样

①在待放样距离的起点安置仪器,开机并选择菜单下的测量模式,也可跳过此操作直接进入下一步。

②选择"放样"功能,进入放样距离值的输入界面。

③照准目标点棱镜,显示观测值与预设值的差值;若差值为零,放样完成。

7. 坐标放样

①在测站点安置仪器并开机。

②选择菜单下的内存管理模式,将放样过程中所需的坐标数据输入并存入坐标数据文件。如果坐标数据未被存入内存,也可在放样过程中从键盘输入坐标。

③选择菜单下的坐标放样模式,并选择坐标数据文件,可进行测站坐标数据及后视坐标数据的调用。

④置测站点。

⑤置后视点,确定方位角。

⑥输入所需的放样坐标,开始放样。

二、下达工作任务(表3-59)

工作任务表　　　　　　　　　　　　　　表3-59

任务内容:认识全站仪			
小组号		场地号	
任务要求: 练习全站仪的基本操作	工具: 　全站仪1台;棱镜1台; 三脚架一个;记录板1块	组织: 　1. 全班按每小组4~6人分组进行,每小组推选一名组长和一名副组长; 　2. 组长总体负责本组人员的任务分工,要求组内各成员能相互配合,协调工作; 　3. 副组长负责仪器的借领、归还和仪器的安全管理等事务	
注意事项: 1.操作前应仔细阅读仪器操作手册和认真听指导老师讲解,不明白操作方法与步骤者,不得操作; 2.近距离将仪器和脚架一起搬动时,应保持仪器竖直向上; 3.在保养物镜、目镜和棱镜时,应吹掉透镜和棱镜上的灰尘;不要用手指触摸透镜和棱镜; 4.应保持插头清洁、干燥,使用时要吹出插头内的灰尘与其他细小物体; 5.换电池前必须关机; 6.仪器只能存放在干燥的室内;充电时,周围温度应在10℃~30℃之间; 7.精密贵重的测量仪器,要防日晒、防雨淋、防碰撞振动;严禁仪器直接照准太阳			
组长:_____	副组长:_____	组员:_____	
			日期:____年___月___日

三、制订计划(表3-60、表3-61)

任务分工表　　　　　　　　　　　　　　　　　表3-60

小组号		场地号	
组长		仪器借领与归还	
仪器号			
分 工 安 排			
序号	测段	观测者	记录者	立杆者

实施方案设计表　　　　　　　　　　　　　　　表3-61

（请在下面空白处写出任务实施的简要方案,内容包括操作步骤、实施路线、技术要求和注意事项等）

四、实施计划,并完成如下记录

1. 全站仪主要操作部件的认识。将图3-47各部件名称及功能填入表3-62中

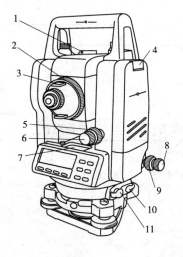
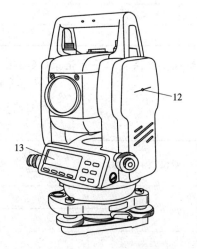

图　3-47

全站仪各部件说明表　　　　　　　　　　　　　　　　　　　　　表 3-62

序号	操作部件	作用	序号	操作部件	作用
1			8		
2			9		
3			10		
4			11		
5			12		
6			13		
7					

2. 根据图 3-48,将操作面板主要功能填入表 3-63 中

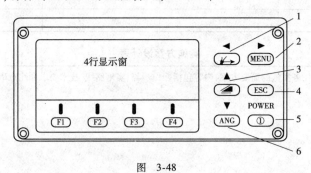

图 3-48

操作面板主要功能说明表　　　　　　　　　　　　　　　　　　表 3-63

序号	键盘名称	功　　能
1		
2		
3		
4		
5		
6		

3. 全站仪测回法测水平角记录(表 3-64)

水平角观测手簿　　　　　　　　　　　　　　　　　　　　　　表 3-64

日期_____　天气_____　仪器号_____
观测者_____　记录者_____　立棱镜者_____

测点	盘位	目标	水平度盘读数 (° ′ ″)	水平角(° ′ ″)		示意图
				半测回值	一测回值	

续上表

测点	盘位	目标	水平度盘读数（° ′ ″）	水平角（° ′ ″）		示意图
				半测回值	一测回值	

4. 全站仪水平距离测量记录（表3-65）

水平距离观测手簿　　　　　　　　　　　　表3-65

日期_____天气_____仪器号_____

观测者_____记录者_____立棱镜者_____

直线段	第一次(m)	第二次(m)	第三次(m)	平均(m)

5. 全站仪三维坐标测量记录

日期_____天气_____仪器型号_____

观测者_____记录者_____立棱镜者_____

已知：测站点的三维坐标 $X=$ _____ m, $Y=$ _____ m, $H=$ _____ m。

后视点的三维坐标 $X=$ _____ m, $Y=$ _____ m, $H=$ _____ m。

量得：测站仪器高 = _____ m, 前视点的棱镜高 = _____ m。

用盘左测得前视点的三维坐标为：$X=$ _____ m, $Y=$ _____ m, $H=$ _____ m。

用盘右测得前视点的三维坐标为：$X=$ _____ m, $Y=$ _____ m, $H=$ _____ m。

平均坐标为：$X=$ _____ m, $Y=$ _____ m, $H=$ _____ m。

6. 全站仪点位放样记录

日期_____天气_____仪器型号_____

观测者_____记录者_____立棱镜者_____

已知：测站点的三维坐标 $X=$ _____ m, $Y=$ _____ m, $H=$ _____ m。

测站点至后视点的坐标方位角 $\alpha=$ _____。

待放样点_____的三维坐标 $X=$ _____ m, $Y=$ _____ m, $H=$ _____ m。

待放样点_____的三维坐标 $X=$ _____ m, $Y=$ _____ m, $H=$ _____ m。

量得：测站仪器高 = _____ m, 前视点的棱镜高 = _____ m。

则：待放样点_____处的地面，需_____（填"填"或"挖"），其填挖高度为_____ m。

待放样点_____处的地面，需_____（填"填"或"挖"），其填挖高度为_____ m。

待放样点＿＿＿＿＿＿＿处的地面，需＿＿＿＿＿＿＿（填"填"或"挖"），其填挖高度为＿＿＿＿＿＿＿ m。

五、自我评估与评定反馈

1. 学生自我评估（表3-66）

学生自我评估表　　　　　　　　　　　　　　　　　　　　　　　表3-66

实训项目				
小组号		场地号		实训者
序号	检查项目	比重分	要　求	自我评定
1	任务完成情况	30	按要求按时完成实训任务	
2	测量误差	20	成果符合限差要求	
3	实训记录	20	记录规范、完整	
4	实训纪律	15	不在实训场地打闹，无事故发生	
5	团队合作	15	服从组长的任务分工安排，能配合小组其他成员工作	
实训反思：				
小组评分：＿＿＿＿＿＿＿				组长：＿＿＿＿＿＿

2. 教师评定反馈（表3-67）

教师评定反馈表　　　　　　　　　　　　　　　　　　　　　　　表3-67

实训项目				
小组号		场地号		实训者
序号	检查项目	比重分	要　求	考核评定
1	操作程序	20	操作动作规范，操作程序正确	
2	操作速度	20	按时完成实训	
3	安全操作	10	无事故发生	
4	数据记录	10	记录规范，无涂改	
5	测量成果	30	计算正确，成果符合限差要求	
6	团队合作	10	小组各成员能相互配合，协调工作	
存在问题：				
考核教师：＿＿＿＿＿＿＿＿＿＿＿＿＿＿＿＿＿			＿＿＿年＿＿月＿＿日	

自我测试

1. 什么是水平角？若某测站与两个不同高度的目标点位于同一竖直面内，那么测站与两目标所构成的水平角是多少？

2. 什么是竖直角？在同一竖直面内瞄准不同高度的点在竖直度盘上的读数是否一样？

3. 经纬仪由哪几部分组成？有哪些制动和微动螺旋？各有什么作用？

4. 经纬仪对中和整平的目的是什么？

5. 使用经纬仪进行角度观测时，操作的基本步骤有哪几步？

6. 观测水平角时，若测两个以上测回，为什么要变动度盘位置？若测三个测回，各测回起始方向读数应是多少？

7. 在水平角观测中，能通过盘左盘右观测消除的仪器误差有哪些？

8. 什么是直线定线？直线定线有哪几种方法？各在何种情况下应用？

9. 影响钢尺量距精度的因素有哪些？

10. 施工放样的基本工作是什么？

11. 如何测设已知数值的水平距离、水平角？

12. 导线的布设形式有几种？选择导线点应注意哪些问题？

13. 什么是坐标的正算？什么是坐标的反算？

14. 简述闭合导线坐标计算的步骤，并说明闭合导线与附合导线坐标计算的异同点。

15. 在导线测量内业计算时，怎样衡量导线测量的精度？

16. 施工控制网的形式有哪几种？其适用性如何？

17. 何谓建筑基线？何谓建筑方格网？布设有何要求？

18. 为什么要进行施工坐标系与测量坐标系的坐标换算？如何进行坐标换算？

19. 完成表 3-68 中测回法观测水平角的计算。

水平角观测手簿 表 3-68

测站	竖盘位置	照准点名称	水平度盘读数 (° ′ ″)	半测回角值 (° ′ ″)	一测回角值 (° ′ ″)	备注
O	左	A	0 03 12			
		B	69 54 18			
	右	A	180 03 18			
		B	249 54 54			

20. 完成表 3-69 中竖直角观测记录的计算。

竖直角观测手簿 表 3-69

测站点名	照准点名称	竖盘位置	竖盘读数 (° ′ ″)	半测回角值 (° ′ ″)	竖盘指标差 (″)	一测回角值 (° ′ ″)	备注
A	B	左	121 14 18				盘左望远镜抬高时，竖盘读数减小
		右	238 45 12				
A	C	左	84 13 12				
		右	275 46 24				

21. 用钢尺丈量一条直线，往测丈量的长度为 225.30m，返测为 225.38m，今规定其相对误差不应大于 1/3000，试问：

(1) 此测量成果是否满足精度要求？

(2) 按此规定，若丈量 100m，往返丈量最大可允许相差多少毫米？

22. 对某段距离往返丈量结果已记录在钢尺量距手簿中(表3-70),试完成计算工作,并求出其丈量相对精度。

钢尺量距手簿　　　　　　　　　　　表3-70

测　线		整尺段	零尺段	总长(m)	往—返 (m)	平均长度(m)	相对精度
AB	往	5×50	30.964				
	返	5×50	30.956				

23. 欲在地面测设一个直角∠AOB,先按一般测设方法测设该直角,经检测其角值为 90°01′34″,若 OB=150m,为了获得正确的直角,试计算 B 点的调整量并绘图说明其调整方向。

24. 已知一条图根导线1、2、3、4、1,方位角 $\alpha_{12}=64°30′45″$,观测了4个内角(右角),分别为:∠1=86°18′06″,∠2=86°25′37″,∠3=89°36′23″,∠4=97°39′54″;4条边长为: $D_{12}=177.970$m, $D_{23}=138.003$m, $D_{34}=161.822$m, $D_{41}=126.924$m;且1点的坐标为: $x_1=610.148$m, $y_1=813.818$m。求2、3、4点坐标。

25. 如图3-49所示,已知施工坐标系原点 O 的测图坐标为: $x_0=1000.000$m, $y_0=900.000$m,两坐标纵轴之间的夹角 $\alpha=22°00′00″$,控制点 A 在测图坐标为 $x=2112.000$m, $y=2609.000$m,试计算 A 点的施工坐标 $x′$ 和 $y′$。

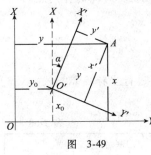

图 3-49

26. 假设测设一字形的建筑基线 $A′O′B′$ 三点已测设于地面,经检查 $A′O′B′=179°59′30″$,已知 $A′O′=200$m, $B′O′=120$m,试求各点移动量值,并绘图说明如何改正使三点成一直线。

项目四　施工现场地面测量

能力要求

1. 知道测绘前的准备工作。
2. 会选择碎部特征点。
3. 会用经纬仪进行施工现场地面测量,能进行地物描绘、等高线勾绘。
4. 会编绘竣工总平面图。
5. 知道线路测量的基本工作,会简单路线的中线测量和纵、横断面测量。
6. 会用全站仪进行数字化测图。

工作任务

1. 用经纬仪测绘法测绘施工现场地面。
2. 线路测量。
3. 数字化测图。

任务1　用经纬仪测绘法测绘施工现场地面

一、资讯

1. 测绘前的准备工作

（1）图纸准备

为保证测图质量,图纸一般选用表面打毛的半透明聚酯薄膜纸。它具有伸缩变形小、透明度高、不怕潮湿、牢固耐用、可用清水洗涤等优点。当没有聚酯薄膜纸时,也可选用质地好的绘图纸作为图纸进行测绘。

（2）绘制坐标方格网

控制点在测绘前应根据其坐标值展绘在图纸上。为了正确地在图纸上绘出控制点的位置,以及用图方便,首先要在图纸上精确地绘制10cm×10cm的直角坐标方格网,如图4-1所示。绘制坐标方格网的方法有对角线法和坐标格网尺法。

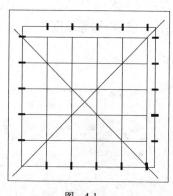

图 4-1

坐标方格网绘制好后,应检查坐标方格网,其精度要求如下:各方格网线条粗细不超过 0.1mm;各方格网边长误差不超过 0.2mm;坐标方格网的对角线上各点应在一条直线上,其偏差不超过 0.2mm;图廓线和对角线长度误差不超过 0.3mm。

(3) 展绘控制点

坐标格网画好后,根据分幅和编号,在图廓外注明格网线的坐标,然后根据控制点的坐标值,确定该点所在的方格位置,用插入法准确地确定点的位置。如图 4-2 所示,假设 1 号点的坐标为 $x_1=675.52$m, $y_1=670.32$m,则它位于 $klmn$ 方格内,分别从 k、l 向上量取 75.52mm(相当于实地 75.52m),得 a、b 点,再分别从 n、k 向右量取 70.32mm(相当于实地 70.32m),得 c、d 点。连接 a、b 和连接 c、d,其交点即为 1 号点在图上的位置。用同样的方法可确定其余各控制点。待全部控制点展绘好后,检查图纸上展绘控制点之间的距离与实际距离是否相符,其误差不超过 0.3mm,对超限的控制点应重新展绘。经校对无误后,可按《国家基本比例尺地图图式 第一部分:1∶500 1∶1000 1∶2000 地形图图式》(GB/T 20257.1—2007)(以下简称《地形图图式》)的规定注记控制点点号及其高程。

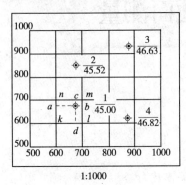

图 4-2

2. 经纬仪测绘法测施工现场地面

地形图测绘的实质,是根据图纸上所展绘的控制点,测定其邻近地物、地貌点的平面位置及高程。这些地物、地貌点统称为碎部点。测定地物、地貌点的工作称为碎部测量。

经纬仪测绘法是用极坐标法测量碎部点的水平距离和高差,然后按极坐标法用量角器和比例尺将碎部点标定在图纸上,并在点的右侧注明其高程,再对照实地并按规定的图式符号在图上勾绘地物和地貌。

(1) 碎部点的选择

测图时,碎部点的选择合理与否,直接关系到测图的质量和速度。因此,碎部点应选在地物和地貌的特征点上。对于地物,碎部点应选在地物轮廓线的方向变化处,如房角点、道路转折点、河岸线转弯点以及独立地物的中心点等,如图 4-3 所示。规范规定,建筑物轮廓线的凸凹部分在图上大于 0.4mm、简单建筑大于 0.6mm 时都要绘制出来。对于不能依比例尺在图上显示的地物,如水井、独立树及电杆等,要实测其中心位置。对于地貌应测出最能反映地貌特征的地性线,如山脊线、山谷线、山脚线等。碎部点可选在山顶、鞍部、山脊、山谷、山坡、山脚等坡度变化及方向变化处,如图 4-4 所示。根据这些特征点的高程勾绘等高

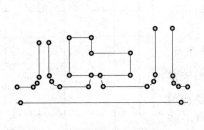

图 4-3

图 4-4

线,即可将地貌在图上表示出来。在碎部测量中,还应注意碎部点要分布均匀,尽量一点多用。此外,测图时的最大视距长度应不超过表 4-1 的规定。

最大视距长度(单位:m)　　　　　　　　　　　　　　　表 4-1

测图比例尺	最大视距长度			
	一般地区		城镇建筑区	
	地物	地形	地物	地形
1:500	60	100	—	70
1:1000	100	150	80	120
1:2000	180	250	150	200
1:5000	300	350	—	—

(2)视距测量

视距测量是利用望远镜内的视距装置,根据光学和三角原理测定两点间水平距离和高差的一种方法。特点是操作简便、不受地形限制,但测距精度低,一般相对误差为 1/300~1/200,测高差的精度也低于水准测量。它主要应用于地形图的碎部测量。

①视线水平时的视距测量

如图 4-5 所示,欲测定 A、B 两点间的水平距离 D 及高差 h_{AB},在 A 点安置仪器,B 点竖立视距标尺,将望远镜视准轴调至水平状态,照准 B 点视距尺,这时视线与视距尺垂直,用望远镜十字丝分划板上的上、下丝分别在尺上读得 M、N。M、N 之差即上、下丝之差,称为视距间隔,用 l 表示。望远镜十字丝分划板上的上、下丝间距 mn 用 p 表示,望远镜物镜焦距为 f,物镜中心到仪器中心的距离为 δ。

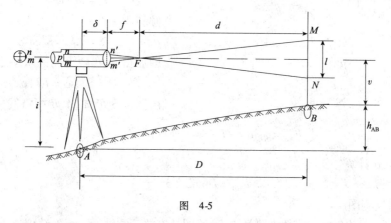

图 4-5

由 $\Delta m'n'F$ 和 ΔFNM 相似可得:

$$\frac{d}{f} = \frac{l}{p}$$

所以

$$d = \frac{f}{p} l$$

因此,A、B 两点间的水平距离为:

$$D = d + f + \delta = \frac{f}{p}l + f + \delta \tag{4-1}$$

令 $K = \dfrac{f}{p}, C = f + \delta$，则有：

$$D = Kl + C \tag{4-2}$$

式中：K——视距乘常数；

C——视距加常数。

在设计仪器时，通常使 $K = 100, C = 0$，因此视线水平时的水平距离计算公式为：

$$D = Kl \tag{4-3}$$

同时，由图 4-5 可以看出 A、B 两点间的高差为：

$$h_{AB} = i - v \tag{4-4}$$

式中：i——仪器高；

v——十字丝中丝在尺上的读数。

②视线倾斜时的视距测量

在地面起伏较大地区进行视距测量，必须使视线倾斜才能在视距尺上读数，如图 4-6 所示。这时视线不再垂直于视距尺，就不能直接用式（4-3）和式（4-4）计算水平距离和高差。设想将视距尺绕 O 点旋转 α 角，使视距尺与视线垂直，由于通过视距丝的两条光线的夹角 φ 很小，可近似认为此时的尺间隔为：

$$l' = M'N' = l\cos\alpha \tag{4-5}$$

倾斜距离为：

$$S = Kl' = Kl\cos\alpha \tag{4-6}$$

因而得 A、B 两点间的水平距离为：

$$D = S\cos\alpha = Kl\cos^2\alpha \tag{4-7}$$

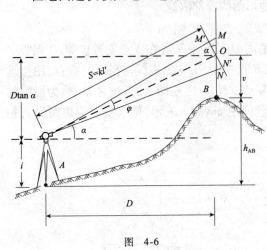

图 4-6

由图 4-6 可知，A、B 两点间的高差为：

$$h_{AB} = S\sin\alpha + i - v = \frac{1}{2}Kl\sin2\alpha + i - v \tag{4-8}$$

也可按下式计算：

$$h_{AB} = D\tan\alpha + i - v \tag{4-9}$$

（3）经纬仪测图

如图 4-7 所示，将经纬仪安置在测站点上，绘图板安放于测站旁。用经纬仪测出碎部点方向与起始方向的夹角，并用视距测量方法测出测站到碎部点的距离和高差，绘图员根据水平角值和水平距离，用量角器和比例尺在图上定出碎部点的位置，并注上高程。其操作步骤如下：

①安置仪器

安置经纬仪于测站点 A（图根控制点）上，对中整平后，量取仪器高。

②定向

经纬仪照准另一控制点 B，置水平度盘读数为 $0°00'00''$。

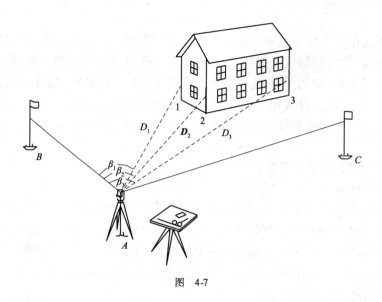

图 4-7

③观测

选定立尺点,旋转照准部,瞄准碎部点上的水准尺,读取水平角 β,使竖盘指标水准管居中,在尺上读取上丝、下丝读数(或直接读出尺间隔 l),中丝读数 v,竖盘读数 L(竖直角 α)。竖盘读数、水平角读数到半测回即可。

④计算出经纬仪至碎部点的距离和碎部点的高程

$$D = Kl\cos^2\alpha \tag{4-10}$$

$$H = H_A + \frac{1}{2}Kl\sin2\alpha + i - v \tag{4-11}$$

依次将数值填入记录手簿,对于具有特殊意义的碎部点,如房角、电杆、山头、鞍部等,应在备注处加以说明。

⑤展绘碎部点

用细针将量角器的圆心固定在图上测站点处,以 AB 方向为基准量取 β 角,定出碎部点方向,把实地距离按测图比例尺换算成图上距离,在该方向上定出碎部点,在其右侧注明高程。

为了保证测图质量,仪器搬到另一测站时,应首先检查上一测站所测部分碎部点的平面位置和高程。若测区面积较大时,考虑到相邻图幅的拼接问题,每幅图应向图廓外测出 5mm。

(4)地形图的绘制

地形图的绘制一般是在现场,对照实地描绘地物和等高线。

①地物描绘

地物应按《地形图图式》规定的符号在实地描绘地物。对于建筑物的轮廓用直线连接,道路、河流则用光滑曲线逐点连接。不能按比例尺描绘的地物,如电杆、烟囱、水井等,应在图上绘出其中心位置,或按规定的非比例符号表示。

②等高线勾绘

地貌主要是用等高线来表示。为了便于勾绘等高线,首先用铅笔轻轻描绘出山脊线、山谷线等地性线,然后根据地性线附近的碎部点高程勾绘出等高线。将高程相同的相邻点用光滑的曲线连接,即为等高线。勾绘等高线时,要对照实地,先画计曲线,后画首曲线,并注意等高线通过山脊线和山谷线的走向。地形图等高距的选择与测图比例尺、地形坡度有关。对于不能用等高线表示的地貌,如悬崖、陡崖、冲沟等应按《地形图图式》规定的符号表示。

(5)地形图的拼接、检查与整饰

①地形图的拼接

当测图范围较大时,要将整个测区划分为若干图幅分别进行施测。由于测量误差及绘图误差的影响,相邻图幅边界连接处的地物和地貌轮廓线往往不能完全吻合,相邻两图幅边界上地物、地貌都会存在偏差。若这些相邻处的地物、地貌偏差不超过规范中规定的中误差的 $2\sqrt{2}$ 倍时,则可取其平均位置,作为改正后相邻图幅的地物、地貌位置。

②地形图检查与整饰

室内检查的内容有:图根点、碎部点是否有足够的密度,图上地物、地貌是否清晰易读,绘制等高线是否合理,各种符号、注记是否正确,地形点的高程是否有可疑之处,图边拼接有无问题等。若发现疑点应到野外进行实地检查修改。

实地检查是在室内检查的基础上,进行实地巡视检查和仪器检查。实地巡视要对照实地检查地形图上地物、地貌有无遗漏;仪器检查是在室内检查和巡视检查的基础上,在某些图根点上安置仪器进行修正和补测,并对本测站所测地形进行检查,查看测绘的地形图是否符合要求。

为使所测地形图清晰美观,经拼接、检查和修正后,即可进行铅笔原图的整饰。整饰时应注意线条清楚,符号正确,符合图式规定。整饰的顺序是先图内后图外,先地物后地貌,先注记后符号。图上的地物、注记以及等高线均应按规定的图式符号进行注记绘制。同时,注意等高线不能通过符号、注记和地物。按《地形图图式》规定,还要注记图名、比例尺、坐标系统、高程系统、测图单位等。最后要进行着墨处理。

3. 编绘竣工总平面图

由于施工过程中的设计变更、施工误差等原因,工程的竣工位置往往与原设计位置不完全一致。为了确切反映工程竣工后的现状,以及在工程竣工投产以后的经营过程中,为顺利地进行维修,及时消除地下管线的故障,并考虑到为将来建筑的改建或扩建准备充分的资料,一般应编绘竣工总平面图。竣工总平面图及附属资料,也是考查和判别工程质量的依据之一。

(1)绘制前准备

①确定竣工总平面图的比例尺

竣工总平面图的比例尺,应根据企业的规模大小和工程的密集程度参考下列规定确定:小区内为 1/500 或 1/1000;小区外为 1/1000~1/5000。

②绘制竣工总平面图图底坐标方格网

为了能长期保存竣工资料,竣工总平面图应采用质量较好的图纸。编绘竣工总平面图,首先要在图纸上精确地绘出坐标方格网。坐标格网画好后,应进行检查。

③展绘控制点

以图底上绘出的坐标方格网为依据,将施工控制网点按坐标展绘在图上。展点对所邻近的方格而言,其允许偏差为±0.3mm。

④展绘设计总平面图

在编绘竣工总平面图之前,应根据坐标格网,先将设计总平面图的图面内容按其设计坐标,用铅笔展绘于图纸上,作为底图。

(2)竣工测量

建筑施工过程中,每一个单项工程完成后,必须由施工单位进行竣工测量,并提出该工程的竣工测量成果,作为编绘竣工总平面图的依据。竣工测量与地形测量的方法大致相似,主要区别是竣工测量要测定许多细部坐标和高程,因此图根点的布设密度要大一些,细部点的测量精度要高一些,一般应精确到厘米。

竣工测量时,应采用与原设计总图相同的平面坐标系统和高程系统。竣工测量的内容应满足编制竣工总平面图的要求。

竣工总平面图与一般的地形图不完全相同,主要是为了反映设计和施工的实际情况,是以编绘为主;当编绘资料不全时,需要实测补充或全面实测。

(3)竣工总平面图的编绘

对于大型企业和较复杂的工程,如将厂区地上、地下所有建筑物和构筑物都绘在一张总平面图上,这样将会形成图面线条密集,不易辨认。为了使图面清晰醒目,便于使用,可根据工程的密集与复杂程度,按工程性质分类编绘竣工总平面图。

绘制竣工总平面图的依据有设计总平面图、单位工程平面图、纵横断面图和设计变更资料、定位测量资料、施工检查测量及竣工测量资料等。

凡按设计坐标定位施工的工程,应以测量定位资料为依据,按设计坐标(或相对尺寸)和高程编绘。建筑物和构筑物的拐角、起止点、转折点应根据坐标数据展点成图;对建筑物和构筑物的附属部分,如无设计坐标,可用相对尺寸绘制。若原设计变更,则应根据设计变更资料编绘。

对凡有竣工测量资料的工程,若竣工测量成果与设计值之差不超过所规定的定位允许偏差时,按设计值编绘;否则应按竣工测量资料编绘。

根据上述资料编绘成图时,对于厂房应使用黑色墨线绘出该工程的竣工位置,并应在图上注明工程名称、坐标和高程及有关说明。对于各种地上、地下管线,应用各种不同颜色的墨线绘出其中心位置,注明转折点、井位的坐标、高程及有关注明。在一般没有设计变更的情况下,墨线绘的竣工位置与按设计原图用铅笔绘的设计位置应该重合,但坐标及高程数据与设计值比较有的会有微小出入。随着施工的进展,逐渐在底图上将铅笔线都绘成为墨线。

(4)竣工总平面图的附件

为了全面反映竣工成果,便于生产管理、维修和日后的扩建或改建,下列与竣工总平面图有关的一切资料,应分类装订成册,作为竣工总平面图的附件保存。

①地下管线竣工纵断面图。

②铁路、公路竣工纵断面图。工业企业铁路专用线和公路竣工以后,应进行铁路轨顶和公路路面(沿中心线)水准测量,以编绘竣工纵断面图。

③建筑场地及其附近的测量控制点布置图及坐标与高程一览表。
④建筑物或构筑物沉降及变形观测资料。
⑤工程定位、检查及竣工测量的资料。
⑥设计变更文件。
⑦建设场地原始地形图。

二、下达工作任务(表4-2)

工作任务表　　　　　　　　　　　　　　　　　　表4-2

任务内容:经纬仪法测绘地形图		
小组号		场地号
任务要求： 绘制指定场地平面图	工具： 　经纬仪1台；标杆2根；水准尺1根；三脚架一个；记录板1块；绘图板1块	组织： 　1.全班按每小组4~6人分组进行，每小组推选一名组长和一名副组长； 　2.组长总体负责本组人员的任务分工，要求组内各成员能相互配合，协调工作； 　3.副组长负责仪器的借领、归还和仪器的安全管理等事务
技术要求： 　水平角、竖直角观测半个测回即可		
组长：_____　副组长：_____　组员：_____		
日期：____年__月__日		

三、制订计划(表4-3、表4-4)

任务分工表　　　　　　　　　　　　　　　　　　表4-3

小组号		场地号		
组长		仪器借领与归还		
仪器号				
分　工　安　排				
序号	观测者	记录者	立尺者	绘图员

实施方案设计表	表4-4

（请在下面空白处写出任务实施的简要方案，内容包括操作步骤、实施路线、技术要求和注意事项等）

四、实施计划，并完成如下记录（表4-5、表4-6）

碎 部 测 量 手 簿　　　　　　表4-5

日期_____　天气_____　仪器号_____　观测者_____　记录者_____

测站点_____　后视点_____　测站点高程_____

点号	视距读数(m)			中丝读数 v (m)	水平距离 (m)	竖盘读数 L (° ′ ″)	水平读数 β (° ′ ″)	碎部点高程 (m)
	上丝读数	下丝读数	上下丝之差					

以1∶1000的比例绘制建筑物平面图	表4-6

五、自我评估与评定反馈

1. 学生自我评估（表 4-7）

学生自我评估表　　　　　　　　　　　　　　　　　　　　　　表 4-7

实训项目				
小组号		场地号	实训者	
序号	检查项目	比重分	要　求	自我评定
1	任务完成情况	30	按要求按时完成实训任务	
2	测量误差	20	成果符合限差要求	
3	实训记录	20	记录规范、完整	
4	实训纪律	15	不在实训场地打闹，无事故发生	
5	团队合作	15	服从组长的任务分工安排，能配合小组其他成员工作	

实训反思：

小组评分：_____　　　　　　　　　　　　　　　　组长：_____

2. 教师评定反馈（表 4-8）

教师评定反馈表　　　　　　　　　　　　　　　　　　　　　　表 4-8

实训项目				
小组号		场地号	实训者	
序号	检查项目	比重分	要　求	考核评定
1	操作程序	20	操作动作规范，操作程序正确	
2	操作速度	20	按时完成实训	
3	安全操作	10	无事故发生	
4	数据记录	10	记录规范，无涂改	
5	测量成果	30	计算正确，成果符合要求	
6	团队合作	10	小组各成员能相互配合，协调工作	

存在问题：

考核教师：_____　　　　　　　　　　　　　____年____月____日

任务2 线 路 测 量

一、资讯

铁路、公路、桥涵、渠道、城市道路、管道、架空索道、输电线路等均属于线形工程,它们的中线通称线路。各种线形工程在勘测设计阶段、施工阶段及运营管理阶段所进行的测量工作称为线路测量。

在勘测设计阶段,测量的目的是为工程的各个阶段设计提供详细资料。施工阶段的测量工作是为使线路中线及其构筑物在实地按设计文件要求的位置、形状及规格正确地进行放样。管理阶段的测量工作是为道路及其构筑物的维修、养护、改建和扩建提供资料。

勘测设计阶段是测量工作较集中的阶段。勘测设计通常是分阶段进行的,一般先进行初步设计,再进行施工图设计。无论是初步设计,还是施工图设计,都需要在地形图上开展设计。勘测设计阶段的测量工作可分为初测和定测。

初测是根据初步提出的各个线路方案,对地形、地质及水文等进行较为详细的测量,以便作进一步的研究与比较,确定最佳的线路方案,作为定测的依据。初测也叫踏勘测量。初测的主要工作有:导线测量、水准测量和带状地形图测绘等,为初步设计提供依据。

定测是将初步设计中批准了的线路设计中线移设于实地上的测量工作。必要时可对设计方案作局部修改。定测也叫详细测量。定测的工作内容有:在选定设计方案的路线上进行路线中线测量、纵断面测量、横断面测量,并进行详细的地质和水文勘测。定测资料是编制施工图设计和工程施工的依据。

施工阶段的测量工作是在设计完成后,在施工前及施工过程中,需要恢复中线、测设边坡、测设竖曲线,作为施工的依据。对大型的桥涵、隧道工程,施工前应布设施工控制网,以便能准确地进行施工放样。另外在施工前,要对线路上的控制点进行复核测量,并做好控制桩的保护工作,从而保证施工过程中各桩点不致丢失或能及时恢复。

当工程施工结束后,还应进行竣工测量,以检查施工质量,并为以后使用、养护工作提供必要的资料。

本任务主要介绍道路工程中线测量和纵、横断面测量。

1. 中线测量

中线测量是通过直线和曲线的测设,将线路中心线的平面位置用桩具体标定在实地的工作。中线测量是线路测量中关键性工作,是测绘纵、横断面图和平面图的基础,以及施工放样的依据。

中线测量的主要工作有:测设路线的交点和测定转向角,测设直线段的转点桩和中线桩,曲线测设等。

(1)交点和转点的测设

线路上两相邻直线方向的相交点称为交点,也叫转向点,如图4-8所示,用JD来表示。在实地测设出路线的交点后,就可定出两交点间直线线路中心线的位置,所以交点是线路测量中的基本控制点。

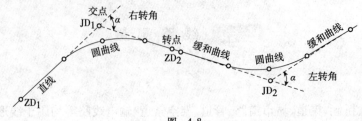

图 4-8

线路通过曲线由一方向转到另一方向,转变后的方向与原方向间的夹角,称为转向角,如图4-8中的 α 角。

道路初步设计时,在地形图上定出了线路中线的位置及交点的位置,由于现场情况及定位条件的不同,交点的测设可根据实际情况的不同,采用以下几种方法。

① 根据导线点测设

根据线路初测阶段布设的导线点的坐标以及道路交点的设计坐标,事先计算出有关放样数据,按极坐标法、距离交会法、角度交会法等测设点位的方法,测设出交点的实地位置。极坐标法、距离交会法、角度交会法的方法论述见项目五。

② 根据原有地物测设

事先在地形图上根据交点与地物之间位置关系,量取交点至地物点的水平距离,然后在现场,按距离交会法测设出交点的实地位置。

③ 穿线交点法

穿线交点法是根据图上定线的线路位置在实地测设交点的方法。它利用图上的导线点或地物点与纸上定线的直线段之间的角度和距离关系,用图解法求出测设数据,然后依实地导线点或地物点,把道路中线的直线段测设到地面上,并将相邻直线延长相交,定出交点的实地位置。穿线交点法的施测步骤为:准备放线资料,放点,穿线,交点。

a. 准备放线资料:当设计中线的直线附近有导线点时,可用支距法放点,如图4-9所示。Ⅰ、Ⅱ、Ⅲ为导线点,P_1、P_2、P_3 为纸上定线的线路直线段的临时定线点,以导线点为垂足,在图上量取各导线点至线路设计中心线的距离 d_1、d_2、d_3。

放点也可以用极坐标法进行,如图4-10所示,设 P_1、P_2、P_3、P_4 为图上设计中线的定线点,Ⅰ、Ⅱ、Ⅲ为设计中线附近的导线点或地物点,在图上用量角器及比例尺分别量取 β_1、β_2、β_3、β_4、d_1、d_2、d_3、d_4,则可得各放样数据。

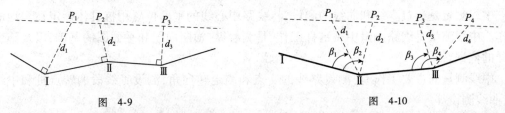

图 4-9　　　　　　　　　　　图 4-10

b. 放点:在现场根据相应导线点或地物点及量得的数据放样 P_1、P_2、P_3、P_4 等点。操作时可用经纬仪放样角度,用钢尺丈量距离。

c. 穿线:在现场所放出的这些点通常不在同一直线上,这时可用经纬仪穿线求得该线的最佳放样位置。如图4-11所示,P_1、P_2、P_3、P_4 等临时点由于图解数据和测设工作的误差,不在同一直线上,这时用经纬仪视准法穿线,通过比较和选择,定出一条尽可能多地穿过或靠近临时点的直线 AB,最后在 A、B 或其方向上打下两个以上的转点桩,随即取消各临时点,这样便定出了直线段的位置。

d. 交点:如图 4-12 所示,当相邻两直线 AB、CD 在实地定出后,可将 AB、CD 直线延长相交,则可定出转向点 JD。

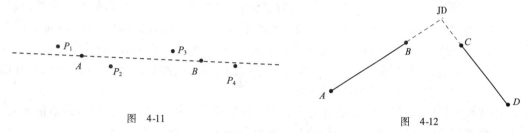

图 4-11　　　　　　　　　　　　图 4-12

当相邻两交点互不通视或直线较长时,需要在其连线方向上测定一个或几个转点,以便在交点上测量转向角及在直线上量距时作为照准和定线的目标。通常交点至转点或转点至转点间的距离,不应小于 50m 或大于 500m,一般在 200～300m 之间。另外在路线与其他路线交叉处以及路线上需设置桥涵等构筑物处也应设置转点。若相邻两交点互不通视,可采用下述方法测设转点。

如图 4-13 所示,JD_5、JD_6 为相邻而互不通视的两个交点,现欲在 JD_5 和 JD_6 之间测设一转点 ZD。

首先在 JD_5、JD_6 之间选一点 ZD',在 ZD' 架设经纬仪,用正倒镜分中法延长直线 JD_5ZD' 至 JD_6',量取 JD_6 至 JD_6' 的距离 f,再用视距测量方法测出 ZD' 至 JD_5、JD_6 的距离 a、b,则 ZD' 应横向移动距离 e 按下式计算:

$$e = \frac{a}{a+b} f \tag{4-12}$$

ZD' 按 e 值沿 JD_5ZD' 垂线方向移至 ZD,再将仪器移至 ZD 重复以上方法逐渐趋近,就可得到符合要求的转点。

(2)路线转向角的测定

路线的交点和转点定出之后,则可测出线路的转向角,如图 4-14 所示。要测定转向角 α,通常先测出线路的转折角 β,转折角一般是测定线路前进方向的右角。

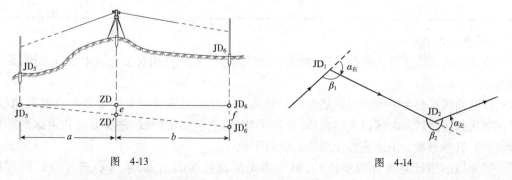

图 4-13　　　　　　　　　　　　图 4-14

转向角也叫偏角,当线路向右转时,叫右偏角,这时 $\beta < 180°$;当线路向左转时,称为左偏

角,这时 $\beta > 180°$。转向角可按下式计算:

$$\alpha_{右} = 180° - \beta \tag{4-13}$$
$$\alpha_{左} = \beta - 180° \tag{4-14}$$

(3) 里程桩的设置

里程桩又称中线桩,表示该桩至路线起点的水平距离。在线路中线上测设中线桩的工作称为中线桩测设。中线桩标定了中线位置、线路形状和里程。中线桩包括线路起终点桩、千米桩、百米桩、平曲线控制桩、桥梁或隧道轴线控制桩、转点桩和断链桩,并应根据竖曲线的变化适当加桩。中线桩的间距,直线部分不大于 50m,平曲线部分为 20m;当公路曲线半径为 30~60m 或缓和曲线长度为 30~50m 时,不大于 10m;公路曲线半径小于 30m、缓和曲线长度小于 30m 或回头曲线段时,不大于 5m。

中线桩测设时,自线路起点通过丈量设置。每个桩的桩号表示该桩至路线起点的里程,如某桩号 K7+814.19 表示该桩距路线起点的里程为 7814.19m。

我国道路是用汉语拼音缩写名称来表示桩点的,如表 4-9 所示。

公 路 测 量 符 号　　　　　　　　　　　表 4-9

名　　称	中文简称	汉语拼音或国际通用符号
交点	交点	JD
转点	转点	ZD
导线点	导点	DD
水准点	—	BM
圆曲线起点	直圆	ZY
圆曲线中点	曲中	QZ
圆曲线终点	圆直	YZ
复曲线公切点	公切	GQ
第一缓和曲线起点	直缓	ZH
第一缓和曲线终点	缓圆	HY
第二缓和曲线终点	圆缓	YH
第二缓和曲线起点	缓直	HZ
公里标	—	K

(4) 曲线测设

道路的线形除了有直线外,还有曲线。曲线段中线桩测设相对于直线中线桩来说,要复杂得多。

道路曲线可分为平面曲线和竖曲线。竖曲线是在道路纵坡的变换处竖向设置的曲线。平面曲线是线路转向时所设置的曲线,简称平曲线,它包括圆曲线、缓和曲线和由这两种曲线组成的其他形状。下面主要介绍圆曲线的测设。

圆曲线的测设通常分两步进行,第一步先测设曲线的主点,第二步进行曲线的详细测设。

①圆曲线主点测设

圆曲线的主点包括圆曲线的起点 ZY,圆曲线的中点 QZ 和圆曲线的终点 YZ,如图 4-15 所示。

圆曲线主点测设步骤为:圆曲线主点测设元素的计算、主点桩号计算和主点测设。

a. 圆曲线主点测设元素的计算:主点测设元素有切线长 T、曲线长 L、外矢距 E 及切曲差 D。这些测设元素均可根据线路的转向角 α 及圆曲线半径 R 计算而得,其计算公式为:

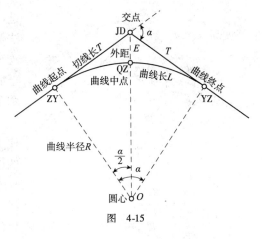

图 4-15

切线长

$$T = R\tan\frac{\alpha}{2} \tag{4-15}$$

曲线长

$$L = R\alpha\frac{\pi}{180°} \tag{4-16}$$

外距

$$E = R\left(\sec\frac{\alpha}{2} - 1\right) \tag{4-17}$$

切曲差

$$D = 2T - L \tag{4-18}$$

b. 主点桩号计算:圆曲线上各主点的桩号通常根据交点的桩号来推算,其计算公式为:

$$ZY 桩号 = JD 桩号 - T \tag{4-19}$$

$$QZ 桩号 = ZY 桩号 + L/2 \tag{4-20}$$

$$YZ 桩号 = QZ 桩号 + L/2 \tag{4-21}$$

$$JD 里程 = QZ 里程 + D/2(用于校核) \tag{4-22}$$

c. 主点测设:如图 4-15 所示,在交点 JD 安置经纬仪,后视相邻交点方向,自 JD 沿该方向量取切线长 T,在地面标定出曲线起点 ZY;在 JD 用经纬仪前视相邻交点方向,自 JD 沿该方向量取切线长 T,在地面标定出曲线终点 YZ;在 JD 用经纬仪后视 ZY 点方向(或前视 YZ 点方向),测设水平角 $\left(\dfrac{180°-\alpha}{2}\right)$,定出路线转折角的分角线方向(即曲线中点方向),然后沿该方向量取外矢距 E,在地面标定出曲线中点 QZ。

②圆曲线细部点测设

在地形变化小,而且圆曲线长 L 较短(通常小于 40m)时,仅测设圆曲线的 3 个主点就能满足施工图设计及施工的要求,因此无需再测设曲线加桩。

如果地形变化大,或者曲线较长,仅测设主点不能全面代表曲线的位置,为满足施工的要求,应在曲线上每隔一定距离测设一个细部点,并钉一木桩作为标志,这项工作称为圆曲线细部点测设。

圆曲线细部点测设的方法,应结合现场地形情况、道路精度要求以及使用仪器情况合理

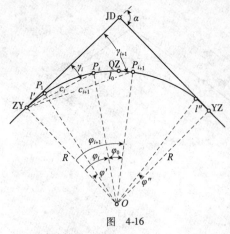

图 4-16

选用,常用的方法有偏角法、切线支距法、极坐标法等。

a. 偏角法:偏角法是以曲线起点 ZY 或终点 YZ 至曲线上任意一点的弦线与切线之间的弦切角 γ_i 和弦长 c_i 来确定 P_i 点的位置,如图 4-16 所示。

圆曲线偏角与曲线起点至细部点的弧长成正比,当曲线上两细部点之间的弧长为定值时,则偏角的增量也为定值。通常偏角法按整桩号设桩,如图 4-16 所示,为使曲线上第一个细部点 P_1 为整桩,曲线起点至 P_1 的弧长一般为整数 l',偏角为 γ_1;在以后的细部点测设时,各桩之间的弧长是相等的,设两桩之间的弧长为整数 l_0,偏角增量为 $\Delta\gamma_0$;最后一段弧长为 l'',其偏角增量为 $\Delta\gamma_n$,则各桩的偏角可按以下公式计算:

$$\gamma_1 = \frac{l'}{2R}\rho \tag{4-23}$$

$$\Delta\gamma_0 = \frac{l_0}{2R}\rho \tag{4-24}$$

$$\gamma_2 = \gamma_1 + \Delta\gamma_0$$
$$\gamma_3 = \gamma_1 + 2\Delta\gamma_0$$
$$\cdots\cdots$$
$$\gamma_i = \gamma_1 + (i-1)\Delta\gamma_0 \tag{4-25}$$
$$\cdots\cdots$$

$$\Delta\gamma_n = \frac{l''}{2R}\rho \tag{4-26}$$

$$\gamma_n = \gamma_{n-1} + \Delta\gamma_n \tag{4-27}$$

各点之间的弦长为:

$$c_1 = 2R\sin\gamma_1 \tag{4-28}$$
$$c_0 = 2R\sin\Delta\gamma_0 \tag{4-29}$$
$$c_n = 2R\sin\Delta\gamma_n \tag{4-30}$$

曲线细部点间的弧长 l_0 通常根据曲线半径的大小可取 5m、10m、20m、50m 等几种。

偏角法测设圆曲线细部点的操作步骤为:将经纬仪安置在圆曲线起点 ZY 上,瞄准 JD 的切线方向,把水平度盘设置起始读数 $360°-\gamma_1$,转动照准部,使水平度盘读数为 $0°00'00''$,此时望远镜的方向就是 P_1 的方向,沿此方向自 ZY 开始量出首段弦长 c_1 就得到整桩 P_1,在此打下预先准备好的木桩,至此完成了 P_1 点测设;对照所计算的偏角表,转动照准部,使水平度盘读数为 $\Delta\gamma_0$ 时,望远镜所指的方向即为第二桩 P_2 的方向,自 P_1 点量出整弧段的弦长 c_0 与望远镜所指方向交会出 P_2 点,打下木桩;转动照准部,使度盘对准 P_3 点的偏角 $2\Delta\gamma_0$,得第三桩 P_3 方向,从 P_2 点量出整弧段的弦长 c_0 与望远镜所指方向交会出 P_3 点,打下木桩;依此类推定出其他各整桩点;最后应测设至曲线终点 YZ,以作为检核。

b. 切线支距法:切线支距法是以 ZY 或 YZ 为坐标原点,切线为 X 轴,过原点的半径为 Y 轴,建立坐标系,按曲线上各桩点的坐标值,在实地测设曲线的方法,也叫直角坐标法,如图 4-17 所示。切线支距法的计算公式为

$$\begin{cases} x_i = R\sin\varphi_i \\ y_i = R(1-\cos\varphi_i) \end{cases} \quad (4-31)$$

式中:φ_i——从曲线起点 ZY 到整桩 P_i 形成的转向角,

$\varphi_i = \dfrac{l_i 180°}{R\pi}$,其中 l_i 为各点至原点的弧长

(里程)。

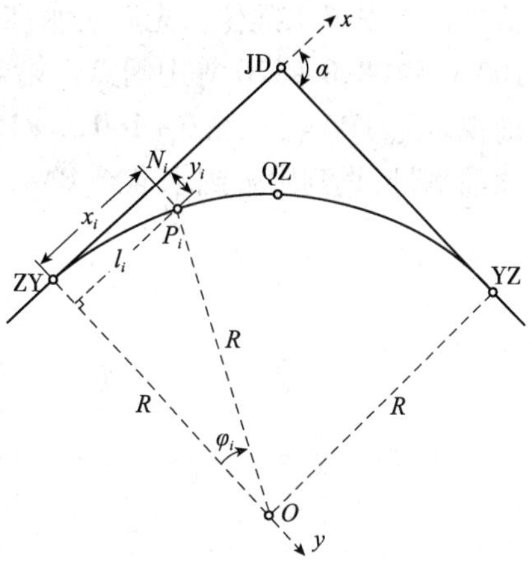

2. 纵、横断面测量

线路中线测量完成后,要进行纵、横断面测量,从而绘制出纵、横断面图,为进一步进行施工图设计提供资料。

图 4-17

(1)纵断面测量

测量中线上各桩地面高程的工作叫纵断面测量。为了保证测量精度,路线水准测量通常分两步进行,即先进行基平测量,后进行中平测量。

①基平测量

基平测量是沿线路设立水准点,并测定其高程的工作。水准点应靠近线路,并应在施工干扰范围外布设。

在路线的起、终点、大桥两岸、隧道两端等以及一些需要长期观测高程的重点工程附近均应设置永久性水准点,在一般地区应每隔一定的长度设置一个永久性水准点。

临时水准点的布设密度根据地形复杂情况和工程需要而定。在山区,每隔 0.5~1km 设置一个;在平原,每隔 1~2km 埋设一个。此外,在中桥、小桥、涵洞以及停车场等工程集中的地段,均应设置;在较短的路线上,一般每隔 300~500m 布设一点。

高速公路、一级公路高程控制测量可按四等水准测量,铁路、二级及二级以下公路采用五等水准测量。

②中平测量

中平测量是根据基平测量的水准点高程测定沿线上各中线桩地面高程的工作。根据中平测量的成果可绘制成纵断面图,供设计线路纵坡之用。

中平测量以相邻两水准点为一测段,从一个水准点引测,逐个测出中线桩的地面高程,然后附合至另一水准点上。

各测段的高差允许闭合差为:

$$f_{h容} = \pm 50\sqrt{L} \quad \text{mm} \quad (4-32)$$

式中:L——附合水准路线长度,km。

中平测量可用普通水准测量方法进行施测。观测时,在每一站上先观测水准点或转点,再观测相邻两转点之间的中线桩,这些中线桩点称为中间点,立尺时应将尺子立在紧靠中线桩的地面上。

以一实例来说明中平测量的实施方法。如图 4-18 所示为某段二级公路的中线,选择一

适当位置安置水准仪。先后视水准点 BM_1，然后前视转点 TP_1，再观测 $0+000, 0+050, 0+100, 0+108, 0+120$ 等中间点。第 1 站观测后，将水准仪搬至第 2 站，先后视转点 TP_1，然后前视转点 TP_2，再观测 $0+140, 0+160, 0+180$ 等各中间点，完成第 2 站的观测。用同样方法向前测量，直到附合到水准点 BM_2，则完成了这一测段的观测工作。

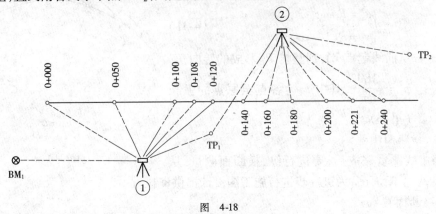

图 4-18

在观测读数的同时，将观测数据记录于纵断面测量记录表中(表 4-10)。

记下各站数据后，即可计算各站前后视的高差及附合水准路线的观测高差。本例中，观测高差 $h_{测} = 2.301\text{m}$，该附合路线的高差理论值为 $h_{理} = 14.591 - 12.315 = 2.276\text{m}$，从而可计算出高差闭合差 f_h 为：

$$f_h = h_{测} - h_{理} = 2.301 - 2.276 = 0.025\text{m} = 25 \text{ mm}$$

算得容许闭合差为：

$$f_{h容} = \pm 50\sqrt{L} = \pm 50\sqrt{0.4} = \pm 32 \text{ mm}$$

由于 $f_h < f_{h容}$，说明测量精度符合要求。在线路纵断面测量中，各中线桩的高程精度要求不是很高（读数只需读至厘米），因此在线路高差闭合差符合要求的情况下，可不进行高差闭合差的调整，直接计算各中线桩的地面高程。每一测站的各项计算可按下列公式依次进行。

视线高 = 后视点高程 + 后视读数

转点高程 = 视线高 − 前视读数

中线桩高程 = 视线高 − 中视读数

纵断面测量记录表　　　　　　　　　　　　　　　　　　　　表 4-10

测站	点号	水准尺读数(m)			前后视高差(m)	仪器视线高程(m)	点的高程(m)	备注
		后视	中视	前视				
1	BM_1				14.506	12.315		
	$0+000$	1.62					12.89	
	$0+050$	1.90					12.61	
	$0+100$	0.62					13.89	ZY
	$0+108$	1.03					13.48	
	$0+120$	0.91					13.60	
	TP_1	2.191		1.007	1.184		13.499	

续上表

测站	点 号	水准尺读数(m)			前后视高差(m)	仪器视线高程(m)	点的高程(m)	备注
		后视	中视	前视				
2	TP$_1$	2.162				15.661	13.499	QZ
	0+140		0.50				15.16	
	0+160		0.52				15.14	
	0+180		0.82				14.84	
	0+200		1.20				14.46	
	0+221		1.01				14.65	
	0+240		1.06				14.60	
	TP$_2$			1.521	0.641		14.140	
3	TP$_2$	1.421				15.561	14.140	YZ
	0+260		1.48				14.08	
	0+280		1.55				14.01	
	0+300		1.56				14.00	
	0+320		1.57				13.99	
	0+335		1.77				13.79	
	0+350		1.97				13.59	
	TP$_3$			1.388	0.033		14.173	
4	TP$_3$	1.724				15.897	14.173	JD
	0+384		1.58				14.32	
	0+391		1.53				14.37	
	0+400		1.57				14.33	
	BM$_2$			1.281	0.443		14.616	(14.591)

③纵断面图的绘制

纵断面图表示沿线路中线方向的地面高低起伏情况,它根据中平测量的成果绘制而成。

如图4-19所示,纵断面图以距离(里程)为横坐标,以高程为纵坐标,按规定的比例尺将外业所测各点画出,依次连接各点则得线路中线的地面线,为了明显表示地势变化,纵断面图的高程比例尺应比水平距离比例尺大10倍。在纵断面图的下部通常注有地面高程、设计高程、设计坡度、里程、线路平面以及工程地质特征等资料。

(2)横断面测量

横断面测量是测定线路各中线桩处与中线相垂直方向的地面高低起伏情况,通过测定中线两侧地面变坡点至中线的距离和高差,即可绘制横断面图,为路基横断面设计、土石方量的计算和施工时边桩的放样提供依据。线路上所有的百米桩、整桩和加桩一般都应测量横断面,其施测宽度及断面点间的密度应根据地形、地质和设计需要而定。

①横断面方向的测设

横断面的方向,通常可用十字架(也叫方向架,如图4-20所示)或经纬仪来测设。

当线路中线为直线时,如图4-21所示,可以用方向架法测定横断面方向。方向架为坚固木料制成,长约1.5m,在上部两个垂直方向雕空,中间插入两个互相垂直的觇板,下面镶以铁脚可以插入土中。将方向架插在中线桩上,以其中一觇板瞄准直线上另一中线桩,则另一觇板即为横断面方向。也可用经纬仪法测定横断面方向。在需测定横断面的中线桩上安置经纬仪,瞄准中线方向,测设90°角,则得横断面方向。

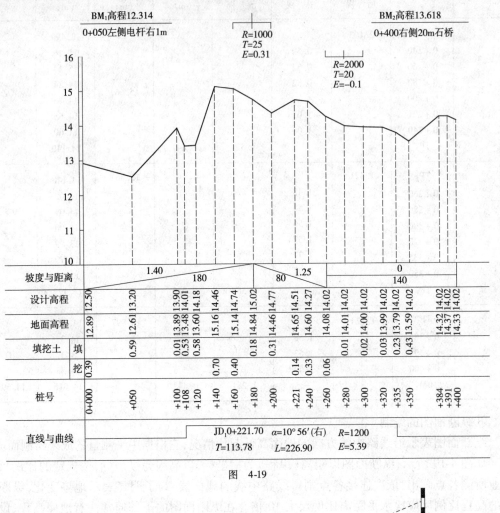

图 4-19

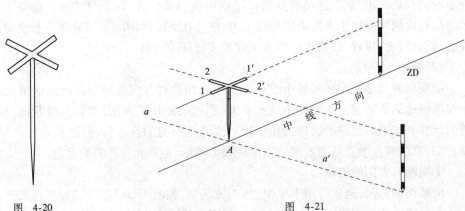

图 4-20　　　　　　　　　　　图 4-21

当线路中线为圆曲线时,其横断面方向就是中线桩点与曲线圆心的连线。因此,只要找到圆曲线的圆心方向,就确定了中线桩点横断面方向。测设时,通常采用活动定向杆的方向

架,如图4-22所示,施测方法如下:

如图4-23所示,将十字架立于曲线起点ZY,用1-1′觇板瞄准JD方向,此时2-2′觇板即为圆心方向,然后旋转活动觇板3-3′瞄准曲线上P_1点,并用螺旋固定3-3′位置。移方向架于P_1点,用2-2′觇板瞄准曲线起点ZY,按同弧两端弦切角相等的定理,此时,3-3′觇板所指的方向即为P_1点的圆心方向。用同样方法可定出圆曲线上任意一点的横断面方向。

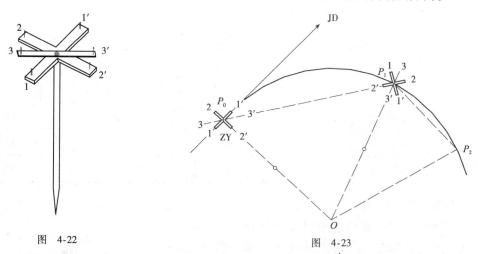

图 4-22　　　　　　　　　　　图 4-23

同样,用经纬仪法也可测定圆曲线的横断面方向。首先在圆曲线的起点ZY即P_0点安置经纬仪,后视切线方向,测设90°角,则得P_0点的横断面方向。然后测出水平角$\angle P_1 P_0 O$的值。将经纬仪搬至P_1点后,瞄准P_0点,测设$\angle P_0 P_1 O = \angle P_1 P_0 O$,则得$P_1$点的圆心方向。用同样方法可定出圆曲线上其他点的横断面方向。用经纬仪测量时,可只用盘左或盘右一个位置施测。

②横断面的测量方法

横断面上中线桩的地面高程已在纵断面测量时测出,所以测量横断面时只要测出横断面方向上各地形特征点至中线桩的平距和高差。横断面测量的方法通常有水准仪皮尺法、标杆皮尺法、经纬仪视距法和全站仪法。

如图4-24所示为水准仪皮尺法测量横断面。水准仪安置后,以中线桩地面高程点为后视,以中线桩两侧横断面方向上各地形特征点为中间视,读数可读至厘米。用皮尺分别量出各特征点至中线桩的水平距离,可量至分米。横断面水准测量记录见表4-11。也可用经纬仪代表水准仪施测。

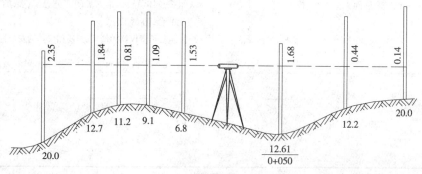

图 4-24

横断面水准测量手簿(单位:m)　　　　　　　　　表 4-11

测站	地形点距中线桩距离	水准尺读数			视线高	高程
		后视	中视	前视		
1	0+050	1.68			14.29	12.61
	左+6.8		1.53			12.76
	左+9.1		1.09			13.20
	左+11.2		0.81			13.48
	左+12.7		1.84			12.45
	左+20.0		2.35			11.94
	右+12.2		0.44			13.85
	右+20.0		0.14			14.15

③横断面图的绘制

横断面图是表示在中线桩处垂直于线路中线方向地面起伏的图,它根据横断面测量成果绘制而成。

绘制横断面图时,以中线地面高程为准,以水平距离为横坐标,以高程为纵坐标,绘出各地面特征点,依次连接各点便成地面线,如图4-25所示。

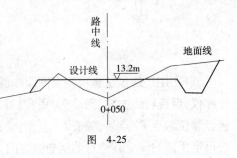

图 4-25

二、下达工作任务(表4-12)

工作任务表　　　　　　　　　　　　　　表 4-12

任务内容:线路测量

小组号		场地号	
任务要求: 1.圆曲线主点及偏角法详细测设 2.水准仪法纵、横断面测量	工具: 　经纬仪1台;水准仪1台;标杆2根;塔尺2把;皮尺1把;记录板1块	组织: 　1.全班按每小组4~6人分组进行,每小组推选一名组长和一名副组长; 2.组长总体负责本组人员的任务分工,要求组内各成员能相互配合,协调工作; 3.副组长负责仪器的借领、归还和仪器的安全管理等事务	
组长:　　　副组长:　　　组员: 　　　　　　　　　　　　　　　　　　　　日期:　　年　月　日			

三、制订计划（表4-13、表4-14）

任务分工表　　　　　　　　　　　　　　　　表4-13

小组号		场地号	
组长		仪器借领与归还	
仪器号			

分　工　安　排			
序号	观测者	记录者	立尺者	绘图员

实施方案设计表　　　　　　　　　　　　　　表4-14

（请在下面空白处写出任务实施的简要方案，内容包括操作步骤、实施路线、技术要求和注意事项等）

四、实施计划，并完成如下记录

1. 主点要素计算

已知圆曲线的 $R=200\text{m}$，$\alpha=15°$，交点 JD 里程为 K10+110.88m（说明：考虑实习场地，所采用的假设数据），则经计算得：

①切线长 $T=\underline{\qquad}$ m，曲线长 $L=\underline{\qquad}$ m，外距 $E=\underline{\qquad}$ m，切曲差 $D=\underline{\qquad}$ m。

②各主点里程：ZY 点 $=\underline{\qquad}$，YZ 点 $=\underline{\qquad}$，QZ 点 $=\underline{\qquad}$，JD 点 $=\underline{\qquad}$。

2. 偏角法测设数据(试按每10m一个整桩号,长弦整桩号法)(表4-15)

偏角法测设数据记录表　　　　　　　　　　　　表4-15

桩号	偏角值 γ_i (° ′ ″)	弦长 c_i (m)	测设示意图

3. 线路纵、横断面测量(表4-16、表4-17)

线路中线桩纵断面测量外业记录表　　　　　　　表4-16

日期:＿＿＿＿＿　天气:＿＿＿＿＿　仪器型号:＿＿＿＿＿　组号:＿＿＿＿＿

观测者:＿＿＿＿＿　记录者:＿＿＿＿＿　立尺者:＿＿＿＿＿

测点 及桩号	水准尺读数(m)			视线高 (m)	高程 (m)
	后视	中视	前视		

线路中线桩横断面测量外业记录表 表4-17

日期：_____ 天气：_____ 仪器型号：_____ 组号：_____
观测者：_____ 记录者：_____ 立尺者：_____

测站	地形点距中线桩距离(m)	水准尺读数(m)			视线高(m)	高程(m)
		后视	中视	前视		

五、自我评估与评定反馈

1. 学生自我评估（表4-18）

学生自我评估表 表4-18

实训项目					
小组号		场地号		实训者	
序号	检查项目	比重分	要 求		自我评定
1	任务完成情况	30	按要求按时完成实训任务		
2	测量误差	20	成果符合限差要求		
3	实训记录	20	记录规范、完整		
4	实训纪律	15	不在实训场地打闹，无事故发生		
5	团队合作	15	服从组长的任务分工安排，能配合小组其他成员工作		

实训反思：

小组评分：_____ 组长：_____

2. 教师评定反馈(表4-19)

教师评定反馈表　　　　　　　　　　　　　　　　表4-19

实训项目				
小组号		场地号		实训者
序号	检查项目	比重分	要　　求	考核评定
1	操作程序	20	操作动作规范,操作程序正确	
2	操作速度	20	按时完成实训	
3	安全操作	10	无事故发生	
4	数据记录	10	记录规范,无涂改	
5	测量成果	30	计算正确,成果符合要求	
6	团队合作	10	小组各成员能相互配合,协调工作	

存在问题：

考核教师：_____　　　　　　　　　　_____年____月____日

任务3　数字化测图

一、资讯

数字化测图是用全站仪或 GPS-RTK 采集碎部点的坐标数据,应用数字测图软件绘制成图,方法主要有草图法和电子平板法。地形测量从图解法测图改进为数字化测图是一种根本性的变革,数字化测图成果主要是数字地形信息,利用数字测图系统可对地形数据进行采集、传输、编辑、成图、输出、绘图、管理。本任务只介绍南方测绘 CASS 软件的全站仪草图法测图。

1. CASS 软件的安装

CASS 测图软件是基于 Auto CAD 软件的再开发,目前已发展到 CASS9.0,使用时需按 CASS 软件安装要求先安装 Auto CAD 软件,再安装 CASS 软件,启动后即可使用。图 4-26 是在 Auto CAD2004 上安装 CASS7.1 的界面。

2. 全站仪草图法测图

用全站仪进行数字化测图,首先在控制点或图根点等测站点上架设全站仪,将测站点和后视点的坐标输入全站仪中(设站),然后在各个碎部点上立棱镜进行测量,对测量碎步点的坐标数据进行存储,再将测量数据传输到电脑中,用专业 CASS 绘图软件绘制地形图。用草图法测图时,要求现场按测站绘制草图,并对测点进行编号。测点编号应与全站仪的记录点号一致。在外业中,跑尺员能否将碎步点正确选择于地物、地貌的特征点上,是保证成图质量和提高测图效率的关键。当然,从安置仪器、后视定向、立尺、观测、记录计算到绘图的整个过程中,除跑尺员外,观测员、绘图员的工作态度、技术水平,同样影响成图的质量和测图的效率。下面详细介绍全站仪草图法测图步骤。

图 4-26

(1) 仪器准备、测区坐标建立

单个小组进行数字测图须准备全站仪一台(含脚架、反射棱镜)、CAD 软件、南方 CASS 软件、手提电脑(或台式机)、数据线(连接手提电脑或台式机)、小钢尺、对讲机等。人员组成为观测员、绘图员、跑尺员等。

数字测图现场至少要有 2 个已知点坐标,可根据任务要求设立导线,求解导线点坐标;若现场没有已知点坐标,也应建立独立坐标系(可用森林罗盘仪假定北方向),求解坐标并设立相对高程。

(2) 全站仪野外数据采集

测区坐标建立后,即可到现场使用全站仪进行野外数据采集。测图时,要求按测站绘制现场草图。测点可从观测方向开始统一编号,特殊点号应作记录。草图上应记录日期、测站、后视方向等信息。全站仪操作可按仪器上【数据采集】作业流程进行,依次到各测站采集各碎部点坐标数据。全站仪迁站后应进入同一文件,并重新设站。有条件的可以把手提电脑带到现场,观测后立即传输数据查看各坐标点是否与草图一致。

(3) 全站仪端口设置及数据传输

将全站仪和电脑用数据线连接(数据线有 9 针接口和 USB 接口),设置好电脑的端口、全站仪的通信参数、CASS 软件的通信参数,然后将全站仪中的数据传输到 CASS 软件中,并生成 DAT 文件。端口设置及通信参数设置流程如下(以拓普康 GTS102 全站仪为例):

① 电脑设置

我的电脑→右键(管理)→设备管理器→端口→端口设置→高级→COM1 或 COM2→确定→关闭。

② 全站仪设置

存储管理→数据通信→GTS 格式→通信参数→协议(无)→波特率(9600)→字符/校验(8 位,无校验)→停止位(2 位)。

③CASS 软件操作

打开软件→数据→读取全站仪数据→仪器（GTS-200 坐标）→选择相对应的参数数据→选择存储的路径→（仪器）发送数据→（仪器）11 位→（仪器）调用（相应文件）→（回到软件）转换数据→（仪器）。需要注意的是参数设置时要选择正确的仪器型号；全站仪中所设置的参数应和软件中的一致；数据线所使用的端口要和软件设置中的一致，否则数据传输不能成功。如图 4-27 所示，应点击【选择文件】按钮，并选择路径和输入文件名，再点击【转换】按钮，按提示操作全站仪发送数据，即可生成 DAT 数据文件。

（4）CASS 软件绘制成图

①展碎部点并绘制地物

DAT 数据文件生成后可以先查看再编辑。可在 DAT 文件"打开方式"下用"记事本"或 Word、Excel 打开查看；也可以在 CASS 软件中依次点开数据→坐标显示与打印→打开→选择对应文件→打开，选择删减点号、参加建模和展高程等选项编辑文件，并保存。

接下来可以将 DAT 坐标数据文件中的坐标和高程展绘在绘图区，并在点位的右边注记点号，再结合现场绘制的草图描绘地物。执行下拉菜单【绘图处理\展野外点号】命令，在弹出的文件选择对话框中选择一个坐标数据文件，点击【打开】按钮，根据命令行提示操作即可完成展点。也可以按执行下拉菜单【绘图处理\切换展点注记】命令，在弹出的对话框中选择所需的注记方式。

假设以草图 49,50,51 号点为一般四点房屋的三个角点，来说明一般四点房屋绘制步骤。如图 4-28 所示，点击软件屏幕右侧菜单的【居民地\一般房屋\四点房屋】，此时命令行

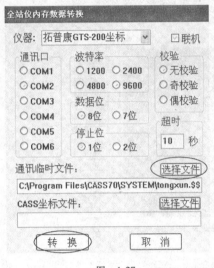

图 4-27

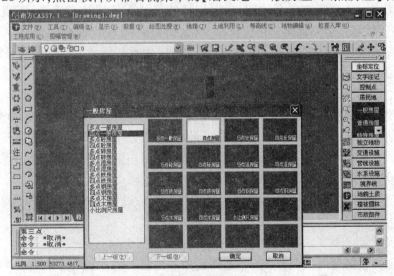

图 4-28

提示及输入显示:"1. 已知点/2. 已知两点及宽度/3. 已知四点 <1>:"。输入"1",提示"第一点",移动鼠标点击 49 点;提示"第二点",移动鼠标点击 50 点;提示"第三点",移动鼠标点击 51 点,此时第四点自动拟合,则四点房屋绘好,图层颜色显示为粉红。其他地物绘制方法类似,可查看 CASS 软件自带的用户手册。

②等高线的绘制

a. 展高程点:用鼠标左键点取【绘图处理】菜单下的【展高程点】,将会弹出数据文件的对话框,如图 4-29 所示。找到 C:\CASS 7.0\DEMO\STUDY.DAT,选择【确定】,命令区提示:"注记高程点的距离(米):",直接回车,表示不对高程点注记进行取舍,全部展出来。

b. 建立 DTM 模型:用鼠标左键点取【等高线】菜单下【建立 DTM】,弹出如图 4-29 所示对话框。根据需要选择建立 DTM 的方式和坐标数据文件名,然后选择建模过程是否考虑陡坎和地性线,选择【确定】,生成图 4-30 所示 DTM 模型。

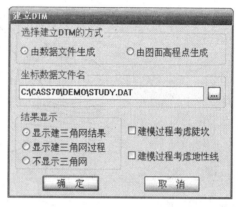

图 4-29

c. 绘等高线:用鼠标左键点击【等高线/绘制等高线】,弹出图 4-31 所示对话框。输入等高距后选择拟合方式,选择【确定】,则系统马上绘制出等高线。再选择【等高线】菜单下的【删三角网】,这时屏幕显示如图 4-32 所示。

d. 等高线的修剪:利用【等高线】菜单下的【等高线修剪】二级菜单,如图 4-33 所示。

用鼠标左键点击【批量修剪等高线】,选择【建筑物】,软件将自动搜寻穿过建筑物的等高线并将其进行整饰。点击【切除指定二线间等高线】,依提示依次用鼠标左键选取左上角的道路两边,CASS 7.0 将自动切除等高线穿过道路的部分。点击【切除穿高程注记等高线】,CASS 7.0 将自动搜寻,把等高线穿过注记的部分切除。

③加注记

下面我们演示在平行等外公路上加"经纬路"三个字。

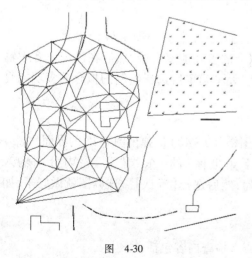

图 4-30

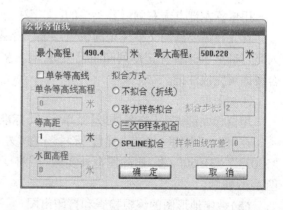

图 4-31

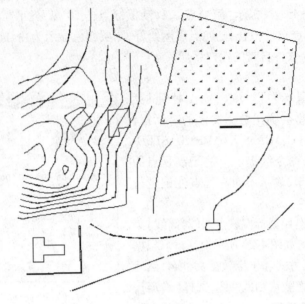

图 4-32

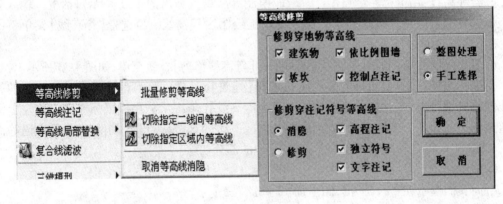

图 4-33

用鼠标左键点击右侧屏幕菜单的【文字注记—通用注记】,弹出图 4-34 的界面。

首先在需要添加文字注记的位置绘制一条拟合的多功能复合线,然后在注记内容中输入"经纬路"并选择注记排列和注记类型,输入文字大小确定后选择绘制的拟合的多功能复合线即可完成注记。

④加图框

用鼠标左键点击【绘图处理】菜单下的【标准图幅(50×40)】,弹出图 4-35 的界面。

在"图名"栏里,输入"建设新村";在"左下角坐标"的"东"、"北"栏内分别输入"53073"、"31050";在"删除图框外实体"栏前打勾,然后选择【确认】。这幅图就做好了,如图 4-36 所示。

(5)数字地形图的编辑检查和打印出图

数字地形图初步绘制完成后,应及时进行检查。检查内容包括:

图 4-34 　　　　　　　　　　　　　图 4-35

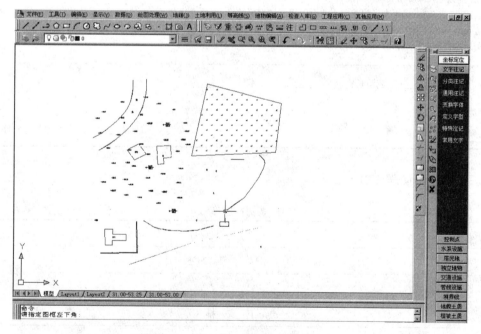

图 4-36

①图形的连接关系是否正确,是否与草图一致,有无错漏等。
②各种注记的位置是否正确,是否避开地物、符号等。
③各种线段的连接、相交或重叠是否恰当、准确。
④对间距小于图上 0.2mm 的不同属性线段,处理是否恰当。
数字地形图编辑处理完成后,应按相应比例尺打印地形图样图。

二、下达工作任务(表4-20)

表4-20

工 作 任 务 表

任务内容:数字化测图			
小组号		场地号	
任务要求: 　1. 会熟练操作全站仪进行数字测图的数据采集,学会数据传输; 　2. 利用采集的数据绘制地形图	工具: 　全站仪1台;对中杆1根、棱镜头1个、三脚架一个;小钢卷尺1把、记录板1块、花杆1根(电脑及数据线由实验室准备)	组织: 　1. 全班按每小组4~6人分组进行,每小组推选一名组长和一名副组长; 　2. 组长总体负责本组人员的任务分工,要求组内各成员能相互配合,协调工作; 　3. 副组长负责仪器的借领、归还和仪器的安全管理等事务		
技术要求: 　1. 现场应布设坐标系,若条件不够,则各组建立独立坐标系; 　2. 按全站仪数据采集流程采集坐标数据,并绘制现场草图;每组应至少测2站,以更好掌握数字测图作业,有条件可以现场传输数据,课后完成软件绘图; 　3. 利用已知控制点采用支导线或引点布设图根点作为测站点;支导线边数不得超过3条,平均边长不得超过100m;引点边长不得超过100m;其他要求执行《1∶500 1∶1000 1∶2000 外业数字测图技术规程》(GB/T 14912—2005);数据采集前后均作定向检查,允许误差0.05m			
组长:_____　副组长:_____　组员:_____			
			日期:____年___月___日

三、制订计划(表4-21)

表4-21

任 务 分 工 表

小组号		场地号		
组长		仪器借领与归还		
仪器号				
分 工 安 排				
序号	测站	观测者	草图绘制者	立杆者

四、实施计划,并完成如下记录

1. 学习全站仪(TOPCON GTS102)坐标采集及数据传输流程
①按电源键开机。
②按菜单键进入菜单。
③按 F1 数据采集。
④按 F1 输入一个新的文件名,或者按 F2 调用一个文件。
⑤按 F1 输入测站点号。
⑥按 F4 测站,然后按 F3 输入测站坐标。
⑦输入完成之后,按 F3 记录。
⑧按 F2 后视,按 F1 输入后视点号,然后按 F4 后视,然后按 F3(NE/AZ),分别输入后视点 XY 坐标。
⑨瞄准后视点,按 F3 测量。
⑩按 F1 角度。
⑪瞄准前视点,然后就可以进行坐标采集了。按 F3(前视,侧视),输入点号,按 F3 测量,自动完成测量和记录。后面再测量坐标的时候可以直接按 F4 同前。
⑫搬站以后继续进行坐标采集,直至碎部点坐标全部采集完成。
⑬测量完成之后,将全站仪和电脑用数据线相连,连好之后,右键我的电脑,管理,设备管理器,端口,属性,分别设置为:9600,8,无,1,无。然后点击高级,端口号设置为 COM1。
⑭在 CASS 软件中依次点"数据"、"读取全站仪读数",参数为"波特率9600,数据位8位,停止位1位,校核无"。
⑮进入菜单键(menu),F3 存储管理,F4 按两次,按 F1 数据通信,按 F1 选择 GTS 格式,F1 发送数据,F2 测量数据,按 F1 选择 11 位,按 F2 调用,选择自己建立的文件名,按 F4 回车,到电脑上的 CASS 软件点击全站仪数据传输命令,按照软件提示输入相关信息,然后在全站仪上按 F3 选"是",数据就完成从仪器到电脑的输入。

2. 学习使用全站仪进行大比例尺数字测图(草图法)作业流程
①数字测图的硬件和软件准备。
②进入测区,实地踏勘,布设闭合导线或附合导线。
③进行导线测量,解算导线点坐标,绘制测区平面草图。
④使用全站仪按照数据采集作业流程,到各测站采集碎部点坐标和高程。注意仪器上的记录点号必须与草图上的编号一致,测站点到碎部点的距离不能超过定向边长。迁站后观测时每次需进入同一文件,并重新定向,碎部点数据采集必须完整。
⑤CAD 软件安装,CASS 软件安装,数据传输。数据传输详见"1. 学习全站仪坐标采集及数据传输流程"。
⑥利用 CASS 软件绘制大比例尺数字地图。在人机交互方式下进行地图的绘制、编辑并绘出等高线等,生成数字地图的图形文件。
⑦出图,拼图,上交成果。按要求上交草图、数字地图、坐标文件和纸质地形图。

3. 记录与草图绘制

日期_____ 天气_____ 地点_____ 班级、组别_____

仪器型号_____ 观测者_____ 记录者_____

人员分工：要求每人均参与领尺、仪器操作、绘草图、跑杆等各岗位，轮流作业。

平面草图绘制要求：

①数据采集特征点包括：道路拐点、建筑角点、导线点、消火栓、路灯、行道树、污水雨水井等重要地物和次要地物。

②若要各组拼图，则第一组点号从100开始，其他组类推，以免拼图时混乱。

五、自我评估与评定反馈

1. 学生自我评估（表4-22）

学生自我评估表　　　　　　　　　　　　　表4-22

实训项目				
小组号		场地号		实训者
序号	检查项目	比重分	要求	自我评定
1	任务完成情况	40	按要求按时完成实训任务	
2	实训记录	20	记录规范、完整	
3	实训纪律	20	不在实训场地打闹，无事故发生	
4	团队合作	20	服从组长的任务分工安排，能配合小组其他成员工作	
实训反思：				
小组评分：_____				组长：_____

2. 教师评定反馈（表4-23）

教师评定反馈表　　　　　　　　　　　　　表4-23

实训项目				
小组号		场地号		实训者
序号	检查项目	比重分	要求	考核评定
1	操作程序	20	操作动作规范，操作程序正确	
2	操作速度	20	按时完成实训	
3	安全操作	10	无事故发生	
4	数据记录	10	记录规范，无涂改	
5	测量成果	30	计算正确，成果符合限差要求	
6	团队合作	10	小组各成员能相互配合，协调工作	
存在问题：				
考核教师：_____			____年____月____日	

自我测试

1. 测绘的准备工作有哪些?
2. 地形测图时,应怎样选择碎部点?
3. 简述经纬仪测绘法测图的主要步骤。
4. 已知测站点高程 $H=50.25\text{m}$,仪器高 $i=1.45\text{m}$,各点视距测量记录如表 4-24 所示。试求出各地形点的水平距离及高程(盘左时 $\alpha=90°-L$)。

各点视距测量记录 表 4-24

点号	视距读数(m)			中丝读数 v (m)	水平距离 (m)	竖盘读数 L (° ′)	竖直角 (° ′)	碎部点高程 (m)
	上丝读数	下丝读数	上下丝之差					
1	1.535	1.351		1.443		88 06		
2	2.870	1.288		2.079		95 43		
3	2.540	2.740		2.640		100 05		

5. 如何编绘竣工总平面图?
6. 什么叫中线测量?道路中线测量包括哪些主要工作?
7. 圆曲线测设元素有哪些?如何计算?
8. 道路纵断面测量的目的是什么?有哪些工作内容?
9. 施测道路横断面通常有哪些方法?怎样进行?
10. 简述全站仪数字化测图的主要步骤。

项目五　建筑物定位与放线

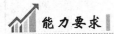

1. 会用不同的方法测设点的平面位置。
2. 会根据已知条件进行建筑物的定位与放线。

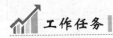

1. 测设点的平面位置。
2. 建筑物定位与放线。

建筑物是指人们进行生产、生活或其他活动的房屋或场所,按用途可分为民用建筑、工业建筑、农业建筑等。本教材以民用建筑为主,介绍建筑物的施工测量工作。

民用建筑的施工测量工作可分为施工准备阶段的测量工作和施工过程中的测量工作。施工准备阶段的测量工作包括施工控制网的建立、场地布置、工程定位和基础放线等。施工过程中的测量工作是指在施工中,随着工程的进展,在每道工序之前所进行的细部测设,如基桩或基础模板的测设、砌筑中墙体皮数杆设置、楼层轴线测设、楼层间高程传递、建筑物施工过程中的沉降观测等。每道工序完成后,应及时进行验收测量,无误后方可进行下一道工序作业。施工测量贯穿于整个施工过程,它对保证工程质量和施工进度起着重要的作用。教材项目三的任务7已经讲述施工控制网的建立,本项目将介绍建筑物的定位与放线工作。

在施工现场,由于干扰因素很多,测设方法和计算方法力求简捷,同时注意做好测量标志的保护工作,特别注意人身和仪器的安全。

任务1　测设点的平面位置

一、资讯

建筑物的定位与放线工作,就是要将建筑物的平面位置在实地上标定出来,其实质是将建筑物的一些轴线交叉点、拐角点测设在地面上。测设点的平面位置测设方法有直角坐标法、极坐标法、角度交会法和距离交会法等,要根据控制网的形式和分布、测设的精度要求、施工现场的条件来选用。

1. 直角坐标法

当建筑场地的施工控制网为方格网或轴线网形式时,采用直角坐标法放线最为方便。如图 5-1 所示,A、B、C、D 为方格网点,现在要在地面上测出一点 P。设 A 点的坐标为 (X_A, Y_A),P 点的坐标为 (X_P, Y_P)。测设时,在 A 点安置经纬仪,瞄准 B 点,在 A 点沿 AB 方向测设水平距离 $\Delta Y_{AP} = Y_P - Y_A$,得 P' 点;将经纬仪搬至 P' 点,仍瞄准 B 点,逆时针方向测设出 90°,沿视线方向测设水平距离 $\Delta X_{AP} = X_P - X_A$,即得 P 点。

用直角坐标法测定一已知点的位置时,只需要按其坐标差数量取距离和测设直角,用加减法计算即可,工作方便,并便于检查,测量精度亦较高。

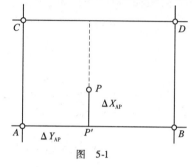

图 5-1

2. 极坐标法

极坐标法是用一个水平角和一条边长测设点位的方法。该法适用于测设点靠近控制点、便于量距的地方。

如图 5-2 所示,A、B 为已知控制点,P 为待测点。首先根据 A、B 的已知坐标和 P 点的设计坐标计算测设数据水平角 β 和水平距离 D_{AP}。计算公式如下:

$$\alpha_{AB} = \arctan \frac{Y_B - Y_A}{X_B - X_A} \tag{5-1}$$

$$\alpha_{AP} = \arctan \frac{Y_P - Y_A}{X_P - X_A} \tag{5-2}$$

$$\beta = \alpha_{AB} - \alpha_{AP} \tag{5-3}$$

$$D_{AP} = \sqrt{(X_P - X_A)^2 + (Y_P - Y_A)^2} \tag{5-4}$$

测设时,在 A 点安置经纬仪,瞄准 B 点,逆时针方向测设 β 角,得一方向线,再在该方向线上测设水平距离 D_{AP},即得 P 点。

用钢尺丈量水平距离时,极坐标法适用于地面平坦且距离较短的场所。

3. 角度交会法

当需测设的点远离控制点或不便量距时,可采用角度交会法。

如图 5-3 所示,用角度交会法测定点 P 时,先要根据 P 点的设计坐标与控制点 A、B 的已知坐标计算测设数据 β_1、β_2,计算方法同极坐标法。

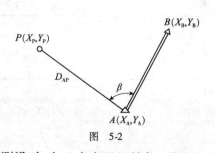

图 5-2

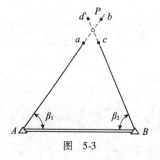

图 5-3

测设时,在 A 点安置经纬仪,瞄准 B 点,逆时针方向测设 β_1 角,得一方向线,在大概估计 P 点位置之后,沿 AP 方向,离 P 点一定距离的地方,在不影响施工的情况下,打入 a、b 两个桩,桩顶作标志,使其位于 AP 方向线上。同理,将经纬仪搬至 B 点,可得 c、d 两点。在 ab 和 cd 之间各拉一根细线,两线相交即为 P 点。

4. 距离交会法

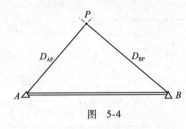

图 5-4

从控制点至测设点的距离,若不超过测距尺长度时,可用距离交会法来测定。如图 5-4 所示,A、B 为控制点,P 为待测点。为了在实地测定 P 点,应先按式(5-4)计算出 D_{AP}、D_{BP} 的长度。测设时分别以 A、B 为中心,D_{AP}、D_{BP} 为半径,在场地上作弧线,两弧的交点即为 P 点。

用距离交会法来测定点位,不需使用仪器,但精度较低。

二、下达工作任务(表5-1)

工作任务表　　　　　　　表 5-1

任务内容:直角坐标法、极坐标法测设平面点位			
小组号		场地号	
任务要求: 1. 用直角坐标法放样点的平面位置; 2. 用极坐标法放样点的平面位置		工具: 经纬仪 1 台;标杆 2 根; 钢尺 1 把;记录板 1 个	组织: 1. 全班按每小组 4~6 人分组进行,每小组推选一名组长和一名副组长; 2. 组长总体负责本组人员的任务分工,要求组内各成员能相互配合,协调工作; 3. 副组长负责仪器的借领、归还和仪器的安全管理等事务
技术要求: 角度测设的限差不大于 ±40″,距离测设的相对误差不大于 1/3000			
组长:　　　　　副组长:　　　　　组员:			
日期:　　　年　　月　　日			

三、制订计划(表5-2、表5-3)

任务分工表　　　　　　　表 5-2

小组号		场地号	
组长		仪器借领与归还	
仪器号			
分 工 安 排			
序号	测设数据计算者	仪器操作者	立杆者

实施方案设计表	表 5-3

(请在下面空白处写出任务实施的简要方案,内容包括操作步骤、实施路线、技术要求和注意事项等)

四、实施计划,并完成如下记录

1. 直角坐标法测设平面点位(表 5-4)

直角坐标法测设平面点位记录表 表 5-4

点名	点号	坐标(m)		测设点至控制点的坐标增量(m)		校核
		x	y	Δx	Δy	
控制点				—	—	
测设点						

2. 极坐标法测设平面点位(表 5-5)

极坐标法测设平面点位记录表 表 5-5

点名	点号	坐标(m)		坐标方位角 (测站点—测设点)	应测设的水平角	应测设的水平距离(m)
		x	y			
测站点				—	—	—
后视点						
测设点						

五、自我评估与评定反馈

1. 学生自我评估(表5-6)

学生自我评估表　　　　　　　　　　　　　　　　　　　　　　表5-6

实训项目				
小组号		场地号		实训者
序号	检查项目	比重分	要　　求	自我评定
1	任务完成情况	30	按要求按时完成实训任务	
2	测设误差	20	成果符合限差要求	
3	实训记录	20	记录规范、完整	
4	实训纪律	15	不在实训场地打闹,无事故发生	
5	团队合作	15	服从组长的任务分工安排,能配合小组其他成员工作	
实训反思：				
小组评分:＿＿＿＿＿＿＿＿＿＿　　　　　　　　　　　　　组长:＿＿＿＿＿＿＿＿＿＿				

2. 教师评定反馈(表5-7)

教师评定反馈表　　　　　　　　　　　　　　　　　　　　　　表5-7

实训项目				
小组号		场地号		实训者
序号	检查项目	比重分	要　　求	考核评定
1	操作程序	20	操作动作规范,操作程序正确	
2	操作速度	20	按时完成实训	
3	安全操作	10	无事故发生	
4	数据记录	10	记录规范,无涂改	
5	测设成果	30	计算正确,成果符合限差要求	
6	团队合作	10	小组各成员能相互配合,协调工作	
存在问题：				
考核教师:＿＿＿＿＿＿＿＿＿＿　　　　　　　　　　＿＿＿＿年＿＿＿月＿＿＿日				

任务2　建筑物定位与放线

一、资讯

民用建筑一般可分为单层、多层和高层建筑,由于其结构特征不同,其放样方法和精度要求也有所不同,但放样过程基本相同。

1. 施工放样应具备的资料

进行建筑物的施工放样时,应具备下列资料:

①总平面图。
②建筑物的设计与说明。
③建筑物、构筑物的轴线平面图。
④建筑物的基础平面图。
⑤土方的开挖图。
⑥建筑物的结构图。
⑦管网图。
⑧场区控制点坐标、高程及点位分布图。

2. 建筑物的定位

建筑物的定位就是在实地标定建筑物的外廓主轴线,它是建筑物细部位置放样的依据。在建筑物定位前,应做好准备工作:熟悉设计图纸、进行现场踏勘、检测测量控制点、清理施工现场、拟定放样方案及绘制放样简图。

根据施工现场情况及设计条件,建筑物的定位可采用以下几种方法。

(1) 根据测量控制点测设

当建筑物附近有导线点、三角点及三边测量点等测量控制点时,可根据控制点和建筑物各角点的坐标用极坐标法或角度交会法测设建筑物的位置。

(2) 根据建筑基线测设

在施工现场布设有专供建筑物放样用的十字轴线等建筑基线时,可根据建筑基线上控制点和建筑物各角点的坐标用直角坐标法测设建筑物的位置。

(3) 根据建筑方格网测设

在施工现场布设有建筑方格网时,可根据附近方格网点和建筑物各角点的设计坐标用直角坐标法测设建筑物的位置。

(4) 根据建筑红线测设

在城市建设中,新建建筑物均由规划部门给设计或施工单位规定建筑物的边界位置。限制建筑物边界位置的线称为建筑红线。建筑红线一般与道路中心线相平行。各种房屋建筑,必须建造在建筑红线的范围之内,设计单位与建设单位往往从合理利用规划土地的角度出发,将房屋设计在与建筑红线相隔一定距离的地方,放样时,可根据实地已有的建筑用地边界点来测设。

如图5-5所示,Ⅰ、Ⅱ、Ⅲ三点为地面上测设的场地边界点,其连线Ⅰ-Ⅱ、Ⅱ-Ⅲ为建筑红线。建筑物的主轴线 AO、BO 就是根据建筑红线来测定的,由于建筑物主轴线和建筑红线平

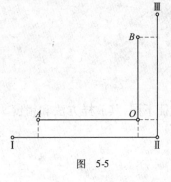

图 5-5

行或垂直,所以用直角坐标法来测设主轴线就比较方便。

当 A、O、B 三点在地面上标定出来后,应在 O 点架设经纬仪,检查∠AOB 是否等于 90°。AO、BO 的长度也要进行实量检核,如误差在容许范围内,即可作合理的调整。

当建筑红线与建筑物主轴线不一定平行或垂直时,可用极坐标法、角度交会法或距离交会法来测设。

(5)根据已有建筑物测设

在现有建筑群内新建或扩建时,设计图上通常给出拟建的建筑物与原有建筑物或道路中心线的位置关系,建筑物的定位就可根据给定的数据在现场测设。图 5-6 中所表示的是几种常见的情况,图中绘有斜线的为原有建筑物,没有斜线的为拟建建筑物。

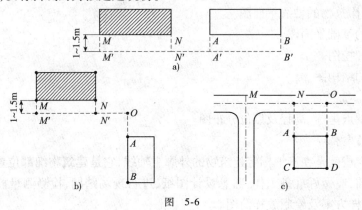

图 5-6

图 5-6a)中拟建的建筑物轴线 AB 在原有建筑物轴线 MN 的延长线上。测设直线 AB 的方法如下:先作 MN 的垂线 MM′及 NN′,并使 MM′ = NN′,然后在 M′处架设经纬仪作 M′N′的延长线 A′B′,再在 A′、B′处架设经纬仪作垂线得 A、B 两点,其连线 AB,即为所要确定的直线。一般也可以用线绳紧贴 MN 进行穿线,在线绳的延长线上定出 AB 直线。

图 5-6b)所示是按上法,定出 O 点后转 90°,根据坐标数据定出 AB 直线。

图 5-6c)图中,拟建的建筑物平行于原有的道路中心线,测法是:先定出道路中心线位置,然后用经纬仪作垂线,定出拟建建筑物的轴线。

3. 建筑物的放线

(1)建筑物基础放线

建筑物定位的角点桩(即外墙轴线交点,简称角桩)测定以后,根据建筑物平面图,可将内部开间所有轴线都一一测出。然后检查房屋轴线的距离,其误差不得超过轴线长度的 1/2000。最后根据中心轴线,用石灰在地面上撒出基槽开挖边线,以便开挖。

如同一建筑区各建筑物的纵横边线在同一直线上,在相邻建筑物定位时,必须进行校核调整,使纵向或横向边线的相对偏差在 5cm 以内。

(2)龙门板的设置

施工开槽时,轴线桩要被挖除。为了方便施工,在一般民用建筑中,常在基槽外一定距离处钉设龙门板(图 5-7)。钉设龙门板的步骤和要求如下:

①在建筑物四角与内纵、横墙两端基槽开挖边线以外约 1~1.5m（根据土质情况和挖槽深度确定）处钉设龙门桩，龙门桩要钉得竖直、牢固，木桩侧面与基槽平行。

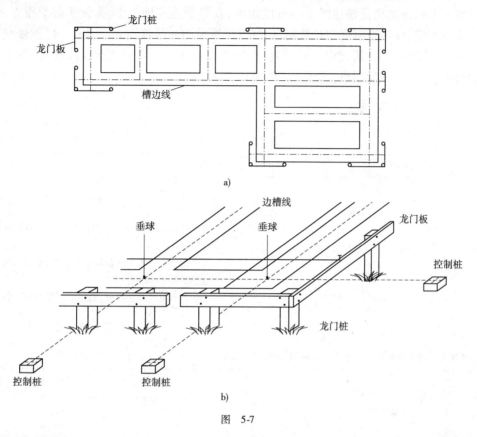

图 5-7

②根据建筑场地水准点，在每个龙门桩上测设"±0高程线"（即高程起算面，设计中常以建筑物底层室内地坪高程为高程起算面）。若遇现场条件不许可时，也可测设比"±0高程线"高或低一定数值的线。但同一建筑物最好只选用一个高程。如地形起伏选用两个高程时，一定要标注清楚，以免使用时发生错误。

③沿龙门桩上测设的高程线钉设龙门板，这样龙门板顶面的高程就在一个水平面上了。龙门板高程的测定允许偏差为±5mm。

④根据轴线桩，用经纬仪将墙、柱的轴线投到龙门板顶面上，并钉小钉标明，称为轴线钉。投点允许偏差为±5mm。

⑤用钢尺沿龙门板顶面检查轴线钉的间距，其相对误差不应超过1/2000。经检核合格后，以轴线钉为准，将墙宽、基槽宽标在龙门板上，最后根据基槽上口宽度拉线撒出基槽开挖灰线。

(3) 引桩（轴线控制桩）的测设

由于龙门板需用较多木料，而且占用场地，使用机械挖槽时龙门板更不易保存。因此可以采用在基槽外各轴线的延长线上测设引桩的方法，如图5-8所示，作为开槽后各阶段施工中

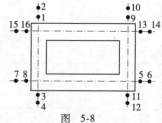

图 5-8

确定轴线位置的依据。即使采用龙门板,为了防止被碰动,也应测设引桩。在多层楼房施工中,引桩是向上层投测轴线的依据。

引桩一般钉在基槽开挖边线 2~4m 的地方,在多层建筑施工中,为便于向上投点,应在较远的地方测定,如附近有固定建筑物,最好把轴线投测在建筑物上。引桩是房屋轴线的控制桩,在一般小型建筑物放线中,引桩多根据轴线桩测设。在大型建筑物放线时,为了保证引桩的精度,一般都先测引桩,再根据引桩测设轴线桩。

二、下达工作任务(表5-8)

工作任务表　　　　　　　　　　　　表5-8

任务内容:建筑物的定位		
小组号		场地号	
任务要求: 每组完成一栋小型建筑的定位放样工作	工具: J_2 经纬仪 1 台;标杆 2 根;钢尺 1 把;记录板 1 块	组织: 1. 全班按每小组 4~6 人分组进行,每小组推选一名组长和一名副组长; 2. 组长总体负责本组人员的任务分工,要求组内各成员能相互配合,协调工作; 3. 副组长负责仪器的借领、归还和仪器的安全管理等事务
技术要求: 外廓主轴线长度允许偏差:±5mm;细部轴线允许偏差:±2mm		
组长:_____　副组长:_____　组员:_____		
		日期:____年__月__日

三、制订计划(表5-9、表5-10)

任务分工表　　　　　　　　　　　　表5-9

小组号		场地号	
组长		仪器借领与归还	
仪器号			
分 工 安 排			
序号	观测者	记录者或计算者	立杆者

实施方案设计表 表 5-10

（请在下面空白处写出任务实施的简要方案，内容包括操作步骤、实施路线、技术要求和注意事项等）

四、实施计划（表 5-11）

建筑物轴线的测设计划表 表 5-11

建筑物主轴线的测设		
角桩号	测设数据	精度检核
建筑物细部轴线的测设		
轴线编号	测设数据	精度检核

五、自我评估与评定反馈

1. 学生自我评估（表5-12）

学生自我评估表 表 5-12

实训项目				
小组号		场地号		实训者
序号	检查项目	比重分	要　　求	自我评定
1	任务完成情况	30	按要求按时完成实训任务	
2	测设误差	20	成果符合限差要求	
3	实训记录	20	记录规范、完整	
4	实训纪律	15	不在实训场地打闹，无事故发生	
5	团队合作	15	服从组长的任务分工安排，能配合小组其他成员工作	
实训反思：				
小组评分：			组长：	

2. 教师对学生的评估(表5-13)

教师评估反馈表   表5-13

实训项目				
小组号		场地号		实训者
序号	检查项目	比重分	要　　　求	考核评定
1	操作程序	20	操作动作规范,操作程序正确	
2	操作速度	20	按时完成实训	
3	安全操作	10	无事故发生	
4	数据记录	10	记录规范,无涂改	
5	测设成果	30	计算正确,成果符合限差要求	
6	团队合作	10	小组各成员能相互配合,协调工作	

存在问题:

考核教师:_____　　　　　　　　　　_____年____月____日

自我测试

1. 简述民用建筑施工中的主要测量工作。
2. 点的平面位置测设方法有哪几种? 各适用于什么场合? 各需要哪些测设数据?
3. 已知控制点 M、N 的坐标值: $X_M = 566.51m$, $Y_M = 395.10m$; $X_N = 734.50m$, $Y_N = 396.85m$。待测点 P 的坐标为: $X_P = 620.10m$, $Y_P = 242.60m$。试计算用极坐标法测设 P 点所需的测设数据。
4. 控制点 M、N 及待测定点 P 的坐标值仍同上题,试计算用角度交会法测设 P 点所需的测设数据。
5. 建筑物施工放样时应具备哪些资料?
6. 建筑物的定位方法有哪些?
7. 轴线控制桩和龙门板的作用是什么? 如何设置?
8. 如图5-9所示,已知原有建筑物与拟建建筑物的相对位置关系,试问如何根据原有建筑物测设出拟建建筑物? 试简述测设步骤。

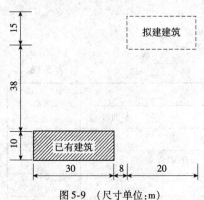

图5-9　(尺寸单位:m)

项目六　建筑物基础施工测量

能力要求

1. 会浅基础的基槽、垫层、基础面高程测量与轴线投测。
2. 会柱基、地脚螺栓的定位与高程测量。
3. 会桩基的定位、垂直度控制和高程测量。
4. 知道设备基础的施工测量。

工作任务

1. 浅基础施工测量。
2. 柱基础施工测量。
3. 桩基础施工测量。
4. 设备基础施工测量。

任务1　浅基础施工测量

一、资讯

基础是把建筑物荷载传递给地基的那部分结构。室外地坪至基础底面的垂直距离,称基础埋深。按基础埋深不同可将基础分为浅基础和深基础。一般的埋深在5m以内的基础称浅基础,埋深在5m以上称深基础。

浅基础常采用条形基础,由垫层、大放脚和基础墙三部分组成,如图6-1和图6-2所示。本任务以浅基础为例,介绍基槽开挖、垫层施工、基础砌筑等工序中的施工测量工作。

1. 浅基础施工测量前的准备工作

（1）熟悉设计图纸

设计图纸是施工测量的主要依据,是测设数据的来源。测设前应充分熟悉设计图纸内容,了解拟建建筑物与相邻地物的相互关系,以及建筑物的内部尺寸关系,准确获取测设工作中所需要的各种定位数据。与基础施工有关的设计

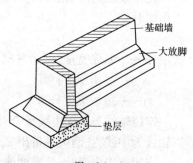

图 6-1

图,主要有建筑总平面图、建筑平面图、基础平面图和基础详图等。

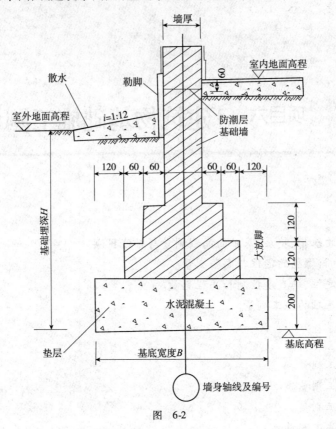

图 6-2

(2) 仪器检验校正

水准仪主要检校十字丝和 i 角（DS_3 型要求小于或等于 20″）。经纬仪检校水准管、十字丝、2C（J_2 型要求小于或等于 30″）。x（J_2 型要求小于或等于 10″）。全站仪除上述项目外，还应测定加常数、乘常数，检查棱镜常数、比例因子、气温、气压等。钢尺应经过检定或与已检定钢尺比对后方可使用。

(3) 复核已有测量成果

基础施工测量前,应对建筑物定位点、轴线、±0.00 高程等进行复核,确保无误。

2. 基槽开挖线测设

先按基础剖面图给出的设计尺寸,计算基槽开挖宽度 $2d$,如图 6-3a)所示,当放坡不留工作面时:

$$d = B/2 + mh \tag{6-1}$$

式中：B——基底宽度,可由基础剖面图查取;

h——基槽深度;

m——边坡坡度分母。

定位轴线与基础中线重合且不留工作面时,由式(6-1)计算基槽上口半宽,在龙门板上以轴线为中线,往两边各量出 d,做好标记,拉线撒出白灰,即为开挖边线。

当留有工作面时,基槽两侧各加工作面宽度 c,如图 6-3b),必要时还需考虑支撑尺寸。

图中 a 表示放坡宽度。

图 6-3c)表示地上开挖线,1 为轴线,2 为龙门板,3 为白灰线,4 为基槽上口宽。

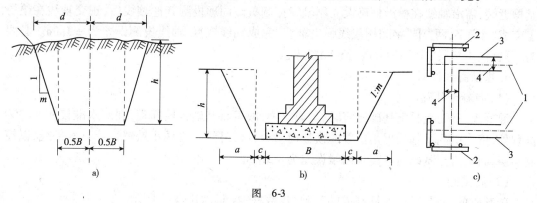

图 6-3

3. 基槽开挖深度控制

如图 6-4 所示,当挖至接近槽底设计高程时,从 ±0.00 高程处,可用水准仪引测。在拐点和槽壁上每隔 2~3m,测设若干比槽底设计值高出 0.5m(或其他固定值)的水平桩,以控制开挖深度。

机械开挖应随挖随测,严禁超挖;槽底 10cm 采用人工清土,以提高基槽开挖的精度和平整度。

4. 垫层高程控制

如图 6-5 所示,基槽经各方验槽后,在槽底均匀打入垂直桩;并从 ±0.00 高程处引测,使其桩顶高程恰好等于垫层面设计值。高程测量误差为 ±3mm。

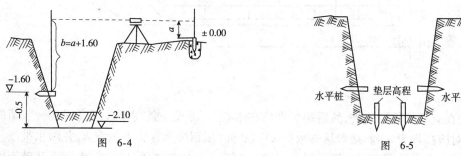

图 6-4　　　　　图 6-5

若立模,则在模板内壁用小铁钉标记垫层高度,并弹出水平线。

5. 垫层轴线恢复

垫层浇好后,根据复核后的轴线钉或轴线控制桩,用经纬仪或拉线挂垂球的方法,把轴线投测至垫层面上,做好标记。再根据相关尺寸关系,用墨线弹出基础中心线和边线(俗称摆底),以便砌筑基础或安装基础模板,如图6-6 所示。

基槽较深时,宜选用 2″级激光经纬仪或激光铅直仪。置

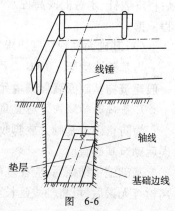

图 6-6

仪于轴线控制桩,精确瞄准同名轴线另一端控制桩定线,将轴线投测到垫层上。此时,通常仅能投测基槽远端部分,近端部分尚需迁站于对面控制桩,用同样方法投测。若要同时看到基槽近端,需沿轴线在槽沿精确设立副轴线控制桩。同理投测其他轴线后,正交轴线在垫层上交成"十"字,两"十"字间用墨线弹出轴线,完成轴线恢复,轴线投测误差为±3mm。必要时,可置仪于垫层"十"字上,进行直角检查。

6. 基础高程控制

(1)混凝土基础

混凝土、钢筋混凝土基础浇筑时,均要立模,故可将基础各层高程,利用水准仪从±0.00高程处,依次引测于基础拐角位置的模板内壁上,做好标记(常用小铁钉),弹出水平线,以控制当层高程,直至基础面。高程测量误差为±3mm。

(2)砖基础

砖基础的高程,可用木杆制成的基础"皮数杆"控制,如图6-7所示。

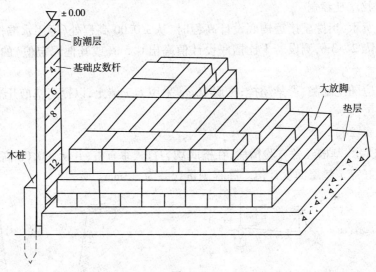

图 6-7

首先在立杆处打一木桩,然后用水准仪在木桩上,测设一条高于垫层高程某一数值的水平线,其对应高程为$-h$。接着从皮数杆±0.00处,用钢尺垂直向下量取h,并画水平线。最后将皮数杆、木桩的同高程水平线对齐,铁钉固定,水泥包桩加固,以此作为砌筑基础墙的高程依据。

(3)基础面高程精度要求

当基础墙砌至±0.00高程下一层砖时,用水准仪测设防潮层的高程,其误差为±5mm。一般建筑物基础面高程测量允许误差为±10mm。

7. 基础面轴线恢复与直角检查

为防止砌筑基础大放脚收分不匀,而造成轴线位移,在砌(浇)完后,应及时复核轴线,无误后砌筑基础直墙。

基础施工结束后,应在基础面上恢复轴线,并检查四个主要交角是否等于90°,在进行距离检查无误后,可将轴线延长至基础外墙侧面上,进行墙体施工。

二、下达工作任务(表6-1)

工 作 任 务 表　　　　　　　　　　　　　　　　表6-1

任务内容:基槽水平桩和垂直桩测设			
小组号		场地号	
任务要求： 1. 根据施工现场合理设站,宜一站完成测设任务； 2. 测设基槽水平桩和垂直桩,要求每人独立测一组		工具： 　DS_3 型水准仪1套；水准尺1对；记录板1块；木桩每人2个；铁锤1把	组织： 1. 全班按每小组4~6人分组进行,每小组推选一名组长； 2. 组长负责本组人员的任务分工,要求组内各成员能相互配合,协调工作； 3. 副组长负责仪器的借领、归还和仪器的安全管理等事务
技术要求：高程测量误差≤±3mm			
组长：_____　副组长：_____　组员：_____			
			日期：_____年___月___日

三、制订计划(表6-2、表6-3)

任 务 分 工 表　　　　　　　　　　　　　　　　表6-2

小组号			场地号	
组长			仪器借领与归还	
仪器号				
分 工 安 排				
序号	待放点	水平桩或垂直桩	观测者	记录者或计算者	立尺者

实施方案设计表　　　　　　　　　　　　　　　　表6-3

(请在下面空白处写出任务实施的简要方案,内容包括操作步骤、实施路线、技术要求和注意事项等)

四、实施计划，并完成如下记录（表6-4）

基槽水平桩或垂直桩测设手簿（直接读取应有前视法）　　　表6-4

日期：_____　天气：_____　仪器型号：_____　组号：_____
观测者：_____　记录者：_____　立尺者：_____

测站	点名	高程 $H_{控}/H_{设}$（m）	后视读数 a（mm）	视线高 $H_{视}$ $H_{视}=H_{控}+a$（m）	应有前视读数 $b_{应}$ $b_{应}=H_{视}-H_{设}$（mm）
	水准点			—	—
	待放点		—		
	水准点			—	—
	待放点		—		
	水准点			—	—
	待放点		—		
	水准点			—	—
	待放点		—		
	水准点			—	—
	待放点		—		
	水准点			—	—
	待放点		—		
	水准点			—	—
	待放点		—		

五、自我评估与评定反馈

1. 学生自我评估（表6-5）

学生自我评估表　　　表6-5

实训项目				
小组号		场地号		实训者
序号	检查项目	比重分	要　　求	自我评定
1	任务完成情况	30	按要求按时完成实训任务	
2	测设误差	20	成果符合限差要求	
3	实训记录	20	记录规范、完整	
4	实训纪律	15	不在实训场地打闹，无事故发生	
5	团队合作	15	服从组长的任务分工安排，能配合小组其他成员工作	

实训反思：

小组评分：_____　　　　　　　　　　　　　　　组长：_____

2. 教师评定反馈(表6-6)

教师评定反馈表　　　　　　　　表6-6

实训项目					
小组号		场地号		实训者	
序号	检查项目	比重分	要　　求		考核评定
1	操作程序	20	操作动作规范,操作程序正确		
2	操作速度	20	按时完成实训		
3	安全操作	10	无事故发生		
4	实训记录	10	记录规范,无涂改		
5	测设成果	30	成果正确,且符合限差要求		
6	团队合作	10	小组各成员能相互配合,协调工作		

存在问题:

考核教师:_____　　　　　　　　　　　_____年____月____日

任务2　柱基础施工测量

一、资讯

柱基础是浅基础中的一种,按其形状分为杯形、阶梯形和锥形独立式基础等,如图6-8所示。杯形基础接预制混凝土柱,预埋有地脚螺栓的基础可接钢柱[图6-8d]。不同类型的柱基础施工测量略有差异,但主要工作内容相同:柱基定位,基坑、垫层抄平,支立模板时的施测,预埋件安置测量等。本节将以混凝土柱杯形基础、钢柱基础为例,介绍各工序中的测量工作。

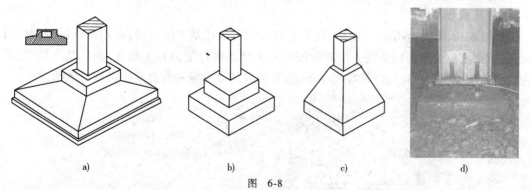

图 6-8

1. 柱基础施工测量前的准备

柱基础施工测量准备工作同前。

2. 柱基定位

柱基定位是为每个柱子测设出四个柱基定位桩,如图6-9所示,作为放样基坑开挖边线、修坑和立模板的依据。

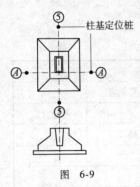

图 6-9

(1) 柱基定位点测设

全面复核柱列轴线（定位轴线）位置后，将两台经纬仪分别安置在纵、横轴线控制桩上，同时瞄准对面同名轴线控制桩，交会出柱基定位点；场地不大且无风时，亦可用细线交会定点。柱基定位点宜用带有中心钉的木桩，或细钢筋作标记，以便量距。

(2) 基坑开挖线测设

图6-10是杯形柱基大样图。以柱基定位点为基准点，相应定位轴线为基准线，按照基础大样图的尺寸，根据基坑深度、边坡率、工作面宽度计算出各侧开挖线距定位轴线的距离，计算方法参考浅基础基槽开挖宽度计算。从柱基定位点出发，用特制的角尺定向量距，放出基坑开挖线，撒白灰标出开挖范围。

(3) 设置基坑定位小桩

在基坑外的定位轴线上，离开挖线约2m处，各打入一个基坑定位小桩，桩顶钉上小钉，以此作为修坑和立模的依据。

(4) 注意事项

柱基测设时，定位轴线不一定都是基础中心线，应仔细察看设计图纸。

3. 基坑开挖深度控制

当挖至接近坑底设计高程时，从±0.00高程或龙门板顶高程处，用水准仪引测。在坑壁四周，测设比坑底设计高程高出0.5m（或其他固定值）的水平桩，测量误差在±10mm内，如图6-4所示，以控制开挖深度。机械开挖时，应边挖边测，严禁超挖，槽底10cm采用人工清土。

4. 垫层高程控制

基坑经验槽后，在基坑底部均匀打入垂直桩，如图6-5所示。宜从±0.00高程处引测，使其桩顶高程等于垫层面设计值，高程测量误差为±3mm。若立模，则垫层高度可用小铁钉（或红油漆）钉在模板内壁上。

5. 杯形柱基的基础模板及杯口内模板定位测量

(1) 定位线的恢复

如图6-10所示，垫层施工结束，根据复核后的坑边柱基定位小桩，可用拉线吊垂球的方法，将柱基定位线投测到垫层上。再根据基础大样图中标明的相关尺寸，量出基底边线，基底边线与定位线相交处用红油漆画出标记，作为柱基立模板和布置基础钢筋的依据。

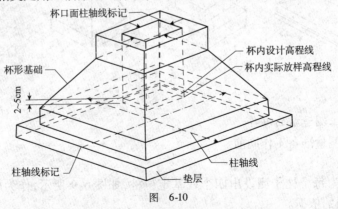

图 6-10

(2)基础模板定位

将模板底线对准垫层上的定位标记,用垂球检查模板竖直度,用水准仪测设出基础面高程、杯底施工高程,注意杯底施工高程比设计高程应低 30～50mm,以便下一步抄平调整,并在模板内壁钉小铁钉标志,即可浇筑混凝土。支立模板高程测量误差为 ±3mm。

(3)杯口内模板定位

混凝土浇筑接近杯底施工高程时,方可安装杯口内模板。根据轴线控制桩或定位小桩,可用拉线吊垂球的方法,将柱基定位线投设到基础模板上口,作为杯口内模板定位的依据。然后利用水准仪测设杯底施工高程(注意比设计高程低 30～50mm),仔细核查无误后,加以固定。

(4)杯口竣工后的测量工作

拆模后,根据轴线控制桩,在杯口顶面标出柱中心线,并在杯口内壁测设出一条 −0.600m 的高程线(一般杯口高程为 −0.500m,故可用钢卷尺沿顶向下量 10cm 即可),供修平杯底用。杯形基础竣工后,应实测每个杯底高程,然后编制竣工测量成果表,供安装柱子使用。

6. 钢柱基础地脚螺栓定位测量

钢柱柱基施工测量与杯形基础基本一致,不同之处在于,钢柱基础用预埋地脚螺栓代替了杯口内模板。地脚螺栓的定位需注意两点:一是保证地脚螺栓之间的相对精度,以便地脚螺栓顺利穿过钢柱底板的孔洞;二是保证地脚螺栓与定位轴线之间的相对精度,以便钢柱安装到位。现介绍一种较简捷的预埋方法。

(1)地脚螺栓骨架制作

地脚螺栓之间的相对精度可通过地脚螺栓骨架制作来保证。

首先制作一个与钢柱底板同样大小的木盒(模具),高度比地脚螺栓的设计外露长度略大,根据螺栓中心距,精确标定孔位并钻孔,孔径比地脚螺栓大 1～2mm;然后将木盒放置平地,地脚螺栓顶部穿过模具上层孔,经下层孔到达地面,调整地脚螺栓弯曲方向;最后用上下两道箍筋焊牢,则相对精度很高的地脚螺栓骨架制作完成。

(2)地脚螺栓骨架安装模板制作

地脚螺栓骨架安装模板,可采用板材或轿杠制成。取合适大小厚度板材或轿杠一块(副),按地脚螺栓中心距,在板材(轿杠)上精确标定孔位并钻孔。对照设计图,将骨架纵横中心线、定位轴线在模板上精确画(刻)出。

(3)地脚螺栓骨架安装

在骨架(或单个螺栓)上先拧一组螺母,穿过安装模板后,再拧一组,将骨架固定在安装模板上。调节螺杆裸露长度,并使骨架平整,垂直于安装模板。

然后将安装模板搭在基础模板上,预安装后,采用拉线吊线锤或经纬仪投测等方法,移动安装模板,使模板上的定位轴线与场地定位轴线重合。垫平,并临时固定安装模板,旋转螺母调节骨架顶部高度,水准仪跟踪测量,使之等于设计高程(或偏高 5～25mm)。仔细校核地脚螺栓骨架的平面位置和高程,确认无误后,将骨架与基础钢筋网(或预埋铁件、支架等)焊接在一起。

最后浇筑混凝土至基础面。浇筑时,地脚螺栓附近宜采用人工振捣,以免骨架因过度振动而移位。混凝土凝固后,即可拆下骨架安装模板,循环使用。

根据《钢结构工程施工质量验收规范》(GB 50205—2001)的规定,钢柱基础面(支承面)施工误差应小于3mm,螺栓中心偏移应小于5mm,螺栓裸露长度可偏长30mm,但不允许偏短。

二、下达工作任务(表6-7)

工作任务表 表6-7

任务内容:预埋地脚螺栓定位测量			
小组号		场地号	
任务要求: 1. 取安装模板一块,在模板上标出螺栓组中心线和定位轴线,穿好地脚螺栓组; 2. 根据场地定位轴线,采用拉线定位方法,将地脚螺栓组定位在基础模板上;基础模板可用相应槽口或倒置木方凳代替; 3. 测设地脚螺栓顶部高程	工具: DS_3型水准仪1套;安装模板1块;地脚螺栓4只;扳手1个;棉线球1只;小铁锤1个;小木桩、小铁钉若干		组织: 1. 全班按每小组4~6人分组进行,每小组推选一名组长和一名副组长。 2. 组长总体负责本组人员的任务分工,要求组内各成员能相互配合,协调工作。 3. 副组长负责仪器的借领、归还和仪器的安全管理等事务
技术要求: 钢柱基础面(支承面)施工误差应小于3mm,螺栓中心偏移应小于5mm,螺栓裸露长度可偏长30mm,但不允许偏短			
组长:　　　　　　副组长:　　　　　　组员:			
日期:　　　年　　月　　日			

三、制订计划(表6-8、表6-9)

任务分工表 表6-8

小组号		场地号		
组长		仪器借领与归还		
仪器号				
分　工　安　排				
螺栓(组)编号	安装施工员	观测者	记录者	立尺者

实施方案设计表 表6-9

(请在下面空白处写出任务实施的简要方案,内容包括操作步骤、实施路线、技术要求和注意事项等)

四、实施计划,并完成如下记录(表6-10)

预埋地脚螺栓定位测量手簿 表6-10

日期:_____ 天气:_____ 仪器型号:_____ 组号:_____
观测者:_____ 记录者:_____ 立尺者:_____ 施工员:_____

地脚螺栓基本设计资料	螺栓组中心至横轴的垂距(mm)		地脚螺栓平面布置示意图:
	螺栓组中心至纵轴的垂距(mm)		
	螺栓纵向、横向中心距(mm)		
	螺栓直径(mm)		
	螺栓顶部设计高程(mm)		
	钢柱基础面设计高程(mm)		
	螺栓裸露长度(mm)		

测站	点名	高程 $H_{控}/H_{设}$ (m)	后视读数 a (mm)	视线高 $H_{视}$ $H_{视}=H_{控}+a$ (m)	应有前视读数 $b_{应}$ $b_{应}=H_{视}-H_{设}$ (m)
	水准点				—
	地脚螺栓		—		
	水准点				—
	地脚螺栓		—		
	水准点				—
	地脚螺栓		—		
	水准点				—
	地脚螺栓		—		
	水准点				—
	地脚螺栓		—		
	水准点				—
	地脚螺栓		—		

五、自我评估与评定反馈

1. 学生自我评估(表6-11)

学生自我评估表　　　　　　　　　　　　　　　表6-11

实训项目				
小组号		场地号		实训者
序号	检查项目	比重分	要求	自我评定
1	任务完成情况	30	按要求按时完成实训任务	
2	测设误差	20	成果符合限差要求	
3	实训记录	20	记录规范、完整	
4	实训纪律	15	不在实训场地打闹,无事故发生	
5	团队合作	15	服从组长的任务分工安排,能配合小组其他成员工作	

实训反思:

小组评分:_____　　　　　　　　　　　　　　　组长:_____

2. 教师评定反馈(表6-12)

教师评定反馈表　　　　　　　　　　　　　　　表6-12

实训项目				
小组号		场地号		实训者
序号	检查项目	比重分	要求	考核评定
1	操作程序	20	操作动作规范,操作程序正确	
2	操作速度	20	按时完成实训	
3	安全操作	10	无事故发生	
4	实训记录	10	记录规范,无涂改	
5	测设成果	30	成果正确,且符合限差要求	
6	团队合作	10	小组各成员能相互配合,协调工作	

存在问题:

考核教师:_____　　　　　　　　　　　　　____年____月____日

任务3 桩基础施工测量

一、资讯

桩基础是深基础,完整桩基通常由基桩(桩柱)、承台和联系梁组成,如图 6-11 所示。

基桩的排列因建筑物形状和基础结构的不同而异。图 6-12 为某建筑基础一角的桩位图,承台下面是群桩,基础梁下面是单排桩或双排桩。

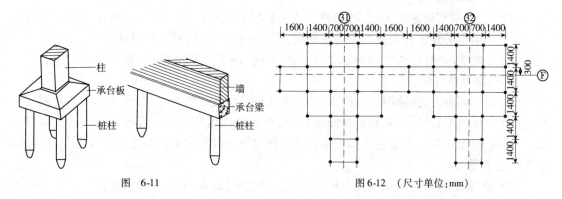

图 6-11

图 6-12 (尺寸单位:mm)

桩基础施工测量内容主要包含:基桩定位;基桩施工监测;基桩验收测量(竣工测量);承台及联系梁施工测量。本节将以人工挖孔灌注桩和锤击(静压)沉桩为例,介绍各工序中的测量工作。

1. 桩基础施工测量前的准备

桩基础施工测量准备工作同前。同时根据施工图完成"桩位编号图"的绘制,桩位编号宜由建筑物的西南角开始,从左到右,从下而上的顺序编号。

2. 基桩定位

(1)定位方法选择

基桩定位应在控制点和各轴线核查无误后进行,其定位通常按照"先整体、后局部,先外廓、后内部"的顺序进行。基桩定位根据桩的排列情况和仪器不同选用下列不同方法。

①方向线交会法

当施工场地不大,且基桩中心位于轴线交点上时,可采用方向线交会法定位。即在同名轴线控制桩间拉线,细线交点即为基桩中心,在此打入木桩(或钢筋),顶部敲小铁钉标志中心,然后水泥包桩加固,周边撒上白灰即可。用经纬仪视线代替细线可提高精度。

②直角坐标法

当基桩中心不在轴线交点上,但与邻近轴线有简单几何尺寸关系时,可采用直角坐标法定位。根据轴线,精确地测设出格网4个角点,以临近角点作为基准,利用钢尺、直角尺,根据相关尺寸,计算并量取坐标差,并用另外3个角点检核。

③全站仪坐标放样

当工程设计比较复杂,桩孔较多,且各轴线夹角特殊时,建议用全站仪放样桩位。

桩位坐标用传统方法计算较繁琐,容易出错,最好由设计单位提供桩孔统一坐标。若设计部门没有提供,可通过建设单位向设计部门取得设计图电子文本,将桩基平面图精确套在地形图底图上,各桩位的统一坐标可从图上点取读出,注意数据单位和 X、Y 显示顺序,按仪器和软件要求,汇编成文本。在原图上展点做重合性检查,无误后上传至全站仪。置仪器于导线点,首先放样检查建筑物定位点,然后依次放出各桩位。此法方便简捷,效率高,可随时恢复桩位,是目前基桩定位主流方法。

若不能得到电子文本,可设施工场地左下角(A 轴与①轴交点)为坐标原点,①轴为坐标主轴建立施工坐标系,根据施工图中各点线间的几何尺寸关系,推算基桩中心施工坐标。

④GPS-RTK 放样

大型、特大型复杂施工场地,若条件允许,可选用 RTK 放样。将桩位坐标上传后,宜选用城建部门给定的建筑物定位点作为控制点,求解转换参数后,再放样其他桩位。

根据工程实际情况,选定合理放样方法后,编制"桩位测量放线图",随后逐桩放样。

(2) 桩位复核与保护

不管选用何种方法放样桩位,结束后,均要用钢尺复核相邻桩与桩、桩与轴线间的距离,对照图纸仔细核对;外围角桩和其他重要桩位,应另做直角检查及闭合校正。确认无误后,施工、监理、建设单位三方要进行基桩定位的复核检查,并填写"桩位线复核签证单",方可进行下一道工序。

为保护桩志,应及时采用水泥包桩加固,必要时还可设骑马桩,以便恢复桩位。

(3) 基桩定位的精度要求

桩的定位精度要求较高,根据《工程测量规范》(GB 50026—2007)的规定,单排桩或群桩中的边桩测量允许偏差为 ±10mm,群桩为 ±20mm。

3. 成桩过程中的监测

(1) 人工挖孔灌注桩

人工挖孔灌注桩一般由承台、桩身和扩大头组成,图 6-13 为人工挖孔灌注桩剖面图。其成桩过程中主要涉及桩孔中心点、高程、垂直度、桩径等监测内容。

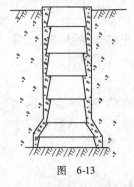

图 6-13

①桩位中心点控制

开挖前以桩中心点为中心,按相应的桩径,加大 2 倍护壁厚度作为内径,用砖砌一圈。通过桩中心临时引两条垂直直径线,交砖井圈得 4 点,并标记之。开挖深度达 1m 后,根据砖井圈上的标志,拉线找中,将吊线锤引至坑底,指导浇筑首节混凝土护壁。第一节护壁的圆心点,相对轴线的平面误差应在 20mm 以内。

拆模后,及时恢复桩位中心标志(骑马桩),宜在混凝土护壁上口和内壁均做出"▷◁"定位线标记,4 个为一组。由此确定的桩位中心点与设计轴线偏差不超过 20mm。

②桩柱顶面设计高程测设

通过水准仪从 ±0.00 高程处引测,将桩柱顶面设计高程,测设在首节护壁的内壁上,画上标记,并注上高程值。

桩柱顶面设计高程测量误差应小于 3mm。

③成孔直径和垂直度控制

桩孔向下开挖过程中,要求每模吊中。成孔直径允许偏差为±50mm,可用钢尺量取。成孔垂直度偏差不超过0.5%,用吊线垂测量。

④成孔深度(桩底高程)控制

一般以首节混凝土护壁内侧的桩柱顶面设计高程标记为基准,向下丈量标记点至孔底。孔深不得小于设计要求。

⑤钢筋笼垂直度控制及定位

钢筋笼就位时,用吊机将钢筋笼吊起,使之保持垂直,对准孔位缓慢放入孔内。到达设计高程(误差±100mm),并检查钢筋笼中心与桩孔中心是否重合,无误后将其固定。

⑥混凝土浇筑高程控制

连续浇筑混凝土至护壁基桩顶面设计高程的标记处。人工挖孔灌注桩桩顶高程施工误差-50~+30mm。其他灌注桩(如沉管灌注桩)的桩顶施工高程要超出设计高程500mm。

(2)锤击(静压)沉桩

锤击沉桩是利用桩锤落到桩顶上的冲击力来克服土对桩的阻力,使桩沉到预定的深度或到达持力层的方法。静力沉桩是利用无噪声、无振动的静压力将桩压入土中。

沉桩过程中,主要涉及垂直度、桩顶高程、桩位及周边建筑物监测等内容。

①垂直度监测

沉桩施工中,桩垂直度偏差应小于或等于0.5%。

垂直度监测,常采用两台经纬仪,在1.5倍桩高处,正交安置(宜架在桩列中心线上)、双向监测的方法进行,当两纵丝均与桩身中心线重合(或平行)时,表明桩已铅垂。有时也用长条水准尺,紧贴桩身校正,此法也需从两个方向检查。

②桩顶高程控制

沉桩桩顶的施工高程通常比设计高程高出150~200mm。当桩顶设计高程大于或等于施工场地高程时,用水准仪或全站仪确定末节桩的桩顶实际高程,以控制打(压)余量。若桩顶实测高程远大于设计高程且不再打(压)桩时,则在桩上标出设计高程线。

当桩顶设计高程小于施工场地高程,应送桩。此时桩顶高程控制方法有两种:一是通过跟踪测量特定长度送桩器的顶部高程的方法,间接控制;二是计算当前水准仪视线高与桩顶设计高程的差数,而送桩器从基部向上丈量此差值,并做标记,则水准仪中丝切到该标记时,表明桩已送至设计位置。

③桩位及周边建筑物位移监测

由于沉桩挤土效应明显,每打(压)完一条流水线后,应对即将开打(压)的桩位进行复核,平面位移量大于或等于20mm时,应重新定位并移桩。同时适量抽取已打桩,对桩顶高程和水平位移进行监测。利用全站仪三维坐标测量功能实施监测。

4. 施工后的桩位检测

施工后应对桩位进行检测。

(1)根据轴线测量桩位偏差

根据轴线重新测设基桩的设计位置,用红漆标在桩顶上,并量出桩实际中心偏离设计位置的两个坐标分量δ_A及δ_B(施工坐标系),注记于桩位平面图上。利用附近施工水准点,测出每个桩的实际高程,求得与设计高程之差数δ_h,注记于图上,并填写桩位偏差验收记录。

只有当 δ_A、δ_B、δ_h 等在规范允许偏差范围内,才能进行下一步施工。

(2)根据控制点测量桩位偏差

置全站仪于已知控制点上,依次采集桩顶实际中心点的三维坐标,并与设计坐标比较得 δ_X、δ_Y、δ_h,必要时通过坐标系转化得 δ_A、δ_B。

二、下达工作任务(表6-13)

工作任务表　　　　　　　　　　　　表6-13

任务内容:基桩定位		
小组号		场地号
任务要求: 1. 根据施工图纸和现场情况,在已有测量仪器下,合理选择基桩定位方法; 2. 采用极坐标法进行基桩定位,内容包括放样数据计算、桩位测量放线图绘制和外业测设	工具: 　测角仪器1套;30m钢尺1把;记号笔1支;记录板1块;小铁锤1个;小木桩若干;自带笔和计算器	组织: 1. 全班按每小组4~6人分组进行,每小组推选一名组长和一名副组长; 2. 组长总体负责本组人员的任务分工,要求组内各成员能相互配合,协调工作; 3. 副组长负责仪器的借领、归还和仪器的安全管理等事务
技术要求: 　单排桩或群桩中的边桩测量允许偏差为±10mm,群桩为±20mm;实训中通常以相邻基桩的实测间距与理论间距之差来评定测设精度,最大不应超过20mm		
组长:_____ 副组长:_____ 组员:_____		
		日期:____年___月___日

三、制订计划(表6-14、表6-15)

任务分工表　　　　　　　　　　　　表6-14

小组号		场地号	
组长		仪器借领与归还	
仪器号			
分　工　安　排			
桩号	计算者	观测者	拉尺者1	拉尺者2

实施方案设计表　　　　　　　　　　　　　　　　　　　　　　表 6-15

（请在下面空白处写出任务实施的简要方案，内容包括操作步骤、实施路线、技术要求和注意事项等）

四、实施计划，并完成如下记录（表 6-16）

桩位测量放线手簿（极坐标法）　　　　　　　　　　　　　　　表 6-16

工程名称：_____　　　　图纸编号：_____
建设单位：_____　　　　设计单位：_____
测量日期：_____ 天气：_____ 仪器型号：_____ 组号：_____
计 算 者：_____ 观测者：_____ 拉 尺 者：_____

控制点	X	Y	H	坐标依据：
				高程依据：

待放桩号	X	Y	测站点	定向点	定向方位角	待放方位角	极角	极距

桩位测量放线图：

五、自我评估与评定反馈

1. 学生自我评估（表6-17）

学生自我评估表　　　　　　　　　　　　　　　　　　　表6-17

实训项目				
小组号		场地号		实训者
序号	检查项目	比重分	要　　求	自我评定
1	任务完成情况	30	按要求按时完成实训任务	
2	实训记录	20	记录规范、完整	
3	测设误差	20	放样成果符合限差要求	
4	实训纪律	15	不在实训场地打闹,无事故发生	
5	团队合作	15	服从组长的任务分工安排,能配合小组其他成员工作	
实训反思：				

小组评分：_____　　　　　　　　　　　　　　组长：_____

2. 教师评定反馈（表6-18）

教师评定反馈表　　　　　　　　　　　　　　　　　　　表6-18

实训项目				
小组号		场地号		实训者
序号	检查项目	比重分	要　　求	考核评定
1	操作程序	20	操作动作规范,操作程序正确	
2	操作速度	20	按时完成实训	
3	安全操作	10	无事故发生	
4	实训记录	10	记录规范,无涂改	
5	测设成果	30	成果正确,且符合限差要求	
6	团队合作	10	小组各成员能相互配合,协调工作	
存在问题：				

考核教师：_____　　　　　　　　　　　_____年___月___日

任务4 设备基础施工测量

一、资讯

设备基础的施工精度是机器设备顺利安装的关键,其与条形基础、柱基础、桩基础在施工程序上存在较大差异,设备基础施工有两种情况:

第一种是在厂房柱子基础和厂房部分建成后,才进行设备基础施工。这种施工方式必须将厂房外面的控制网在厂房砌筑砖墙之前,引进厂房内部,布设一个内控制网,作为设备基础施工和设备安装放线的依据。

第二种是厂房柱基与设备基础同时施工,这时不必建立内控制网,一般是将设备基础主要中心线的端点测设在厂房矩形控制网上。当设备基础支模板或预埋地脚螺栓时,局部架设木线板或钢线板,以便测设螺栓组中心线。

1. 设备基础施工测量前的准备

设备基础施工测量准备工作同前。

2. 设备基础控制网的建立

(1) 内控制网的建立

厂房内控制网根据厂房矩形控制网引测,其投点容许误差为 ±3mm 以内,内控制标点一般选在施工中不易破坏的稳定柱子上,标点高度一致,以便于量距及通视。点的密度根据厂房大小与设备分布情况而定。

① 中小型设备基础内控制网的建立

内控制网的标志一般采用在柱子上预埋标板,如图 6-14 所示。然后将柱中心线投测于标板之上,以构成内控制网。

② 大型设备基础内控制网的建立

大型连续生产设备基础中心线及地脚螺栓组中心线较多,为便于施工放线,将槽钢水平焊在厂房钢柱上,然后根据厂房矩形控制网,将设备基础主要中心线的端点,投测在槽钢的侧面和正面上,以建立内控制网。立面布置图如图 6-15 所示。

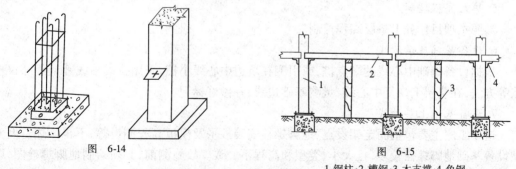

图 6-14

图 6-15

1-钢柱;2-槽钢;3-木支撑;4-角钢

(2) 线板架设

因大型设备基础常与厂房基础同时施工,不可能设置内控制网,故采用架设钢线板或木线板的方法加以控制。线板应靠近设备基础,高度适中,最好能安置经纬仪等。根据厂房控制网,将设备基础的主要中心线投测于线板上,然后根据主要中心线用精密量距的方法,在线板上定出其他中心线和螺栓组中心线,由此拉线来安装螺栓。若方便,亦可将经纬仪等直接安置在中心线上投测。图6-16为木线板架设示意图,图6-17为钢线板架设示意图。

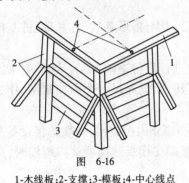

图 6-16
1-木线板;2-支撑;3-模板;4-中心线点

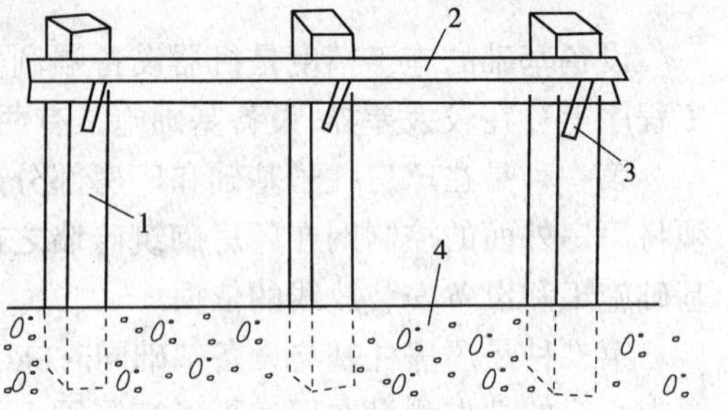

图 6-17
1-混凝土柱;2-角钢;3-斜撑;4-垫层

3. 设备基础定位

(1) 中小型设备基础定位

设备基础位置用其中心线与柱中心线关系表示时,需将此关系尺寸换算成与矩形控制网距离指标桩的关系尺寸,然后在矩形控制网的纵横对应边上测定基础中线的端点。

采用封闭式施工的设备基础,则根据内控制网进行基础定位测量。

(2) 大型设备基础定位

大型设备基础中心线多,定位前须根据设计原图编绘中心线测设图。将全部中心线及地脚螺栓组中心线统一编号,并注明其与柱中心线或厂房控制网距离指标桩的尺寸关系。

定位放线时,先按照中心线测设图,在厂房控制网或内控制网对应边上测出中心线的端点,然后方向交会得基坑的基准点,计算开挖边线位置,引测中心线小桩,以便开挖。

4. 基坑开挖深度控制

参照本项目任务1基槽开挖深度控制。

5. 垫层高程控制

参照本项目任务1垫层高程控制。

6. 设备基础底层放线

根据设备基础中心线的端点桩,或引测在坑边中心线小桩,采用拉线吊线锤或经纬仪投点等方法,在垫层上恢复中心线,量测基础边线,并做好标记。

7. 设备基础上层放线

这项工序主要包括固定架设点、地脚螺栓安装抄平及模板高程测设等,不再详述。但大型设备基础地脚螺栓较多,且大小、类型和高程不一致。故施测前,必须绘制地脚螺栓图,以便正确安装,如图6-18所示。

地脚螺栓图可直接从原图上描下来。若此图只供检查螺栓高程用,只需绘出主要地脚螺栓组中心线,地脚螺栓与中心线的尺寸关系可以不注明。将同类的螺栓分区编号,并在图旁附绘地脚螺栓高程表,注明螺栓号码、数量、螺栓高程及混凝土面高程。

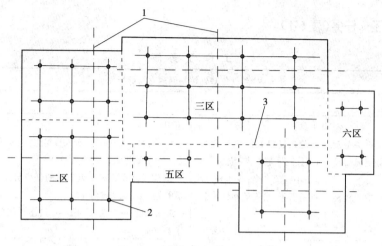

图 6-18
1-螺栓组中心线；2-地脚螺栓；3-区界

8. 设备基础中心线标板埋设与投点

(1) 标板埋设原则

作为设备安装或砌筑依据的重要中心线，应参照下列规定埋设牢固的标板。

①联动设备基础的生产轴线，应埋设必要数量的中心线标板。

②重要设备基础的主要纵横中心线。

③结构复杂的工业炉基础纵横中心线，环形炉及烟囱的中心位置等。

(2) 标板种类与埋设

图 6-19 为设备基础中心线标板的埋设示意图。图 6-19a) 为小钢板下面加焊两锚固脚的形式；图 6-19b) 为 $\phi 8 \sim \phi 22mm$ 的钢筋制成卡钉的形式；图 6-19c) 为在基础混凝土未凝固前，将其埋设在中心线的形式，标板顶面应露出基础面 3～5mm，至基础的边缘 50～80mm。如图 6-19d) 所示，主要设备中心线通过基础凹形部分或地沟时，应埋设 50mm×50mm 的角钢或 100mm×50mm 的槽钢。

(3) 投点

设备基础中心线在标板上投点，应采用经纬仪等精密仪器投测。宜置仪于中线一端点上，照准另一端点，进行投点。若置仪于中线的节点上，以中线端点为后视点，则必须采用正倒镜法投测。

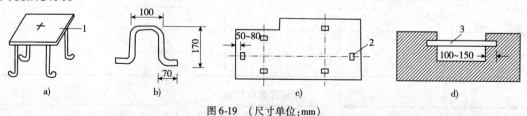

图 6-19 （尺寸单位：mm）
1-钢板加焊钢筋脚；2-中心线标板；3-角钢或槽钢

9. 设备基础各工序中心线及高程测设允许误差

因行业和设备种类不同，各基础的验收标准存在一些差异，实际工作中应查看相应规范。

二、下达工作任务（表6-19）

工 作 任 务 表　　　　　　　　　　　　　　表6-19

任务内容：设备基础控制网建立与标板投点					
小组号			场地号		
任务要求： 1. 模拟厂房及设备基础施工现场，建立设备基础控制网； 2. 在设备基础中心线标板上投点		工具： 　测角仪器1套；30m钢尺1把；记号笔1支；记录板1块；小铁锤1个；小木桩、小铁钉若干；自带笔和计算器		组织： 　1. 全班按每小组4~6人分组进行，每小组推选一名组长和一名副组长； 　2. 组长总体负责本组人员的任务分工，要求组内各成员能互相配合，协调工作； 　3. 副组长负责仪器的借领、归还和仪器的安全管理等事务	
允许误差 （单位：mm）	项目	基础定位	垫层面	模板	螺栓
	中心线端点测设	±5	±2	±1	±1
	中心线投点	±10	±5	±3	±2
考虑实际情况，本实训可按基础定位精度要求实施，建议每人投1条中心线和2个标板点					

组长：＿＿＿＿＿　副组长：＿＿＿＿＿　组员：＿＿＿＿＿＿＿＿＿＿＿＿＿＿

日期：＿＿＿年＿＿月＿＿日

三、制订计划（表6-20、表6-21）

任 务 分 工 表　　　　　　　　　　　　　　表6-20

小组号		场地号		
组长		仪器借领与归还		
仪器号				
分 工 安 排				
序号	轴线名或标板号	观测者	记录者	拉尺者

实施方案设计表　　　　　　　　　　　　　　表6-21

（请在下面空白处写出任务实施的简要方案，内容包括操作步骤、实施路线、技术要求和注意事项等）

四、实施计划,并完成如下记录

如图6-20所示,根据厂房定位轴线,完成设备基础控制网的建立,并设立中心线端点桩,而后在标板上投测出1~7号中心点。具体见表6-22。

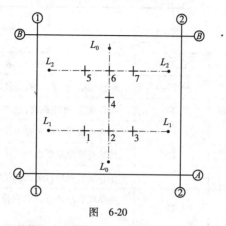

图 6-20

设备基础控制网建立与标板投点手簿 表 6-22

日　期:_____　　天　气:_____　　仪器型号:_____　　组　号:_____
观测者:_____　　记录者:_____　　拉 尺 者:_____

编号	检测项目	设计距离	检测距离	差数	备注
	设备基础控制网建立				
1	设备基础中心线 L_0 至①轴距离				
2	设备基础中心线 L_0 至②轴距离				
3	设备基础中心线 L_1 至 A 轴距离				
4	设备基础中心线 L_1、L_2 间的距离				
5	设备基础中心线 L_2 至 B 轴距离				
	设备基础中心线标板上投点				
编号	检测项目	设计距离	检测距离	差数	备注
1	标板1号至2号的距离				
2	标板3号至2号的距离				
3	标板4号至2号的距离				
4	标板4号至6号的距离				
5	标板5号至6号的距离				
6	标板7号至6号的距离				

五、自我评估与评定反馈

1. 学生自我评估（表6-23）

学生自我评估表　　　　　　　　　　　　　　　　表6-23

实训项目				
小组号		场地号	实训者	
序号	检查项目	比重分	要　求	自我评定
1	建网操作和记录	20	操作规范,程序正确,记录完整	
2	投点操作和记录	20	操作规范,程序正确,记录完整	
3	操作速度	15	按要求按时完成实训任务	
4	投点误差	15	成果符合限差要求	
5	实训纪律	15	不在实训场地打闹,无事故发生	
6	团队合作	15	服从组长的任务分工安排,能配合小组其他成员工作	
实训反思：				
小组评分：_____			组长：_____	

2. 教师评定反馈（表6-24）

教师评定反馈表　　　　　　　　　　　　　　　　表6-24

实训项目				
小组号		场地号	实训者	
序号	检查项目	比重分	要　求	考核评定
1	操作程序	20	操作动作规范,操作程序正确	
2	操作速度	20	按时完成实训	
3	安全操作	10	无事故发生	
4	实训记录	10	记录规范,无涂改	
5	测设成果	30	成果正确,且符合限差要求	
6	团队合作	10	小组各成员能相互配合,协调工作	
存在问题：				
考核教师：_____			____年____月____日	

自我测试

1. 试述基槽开挖深度的控制方法。
2. 试述浅基础垫层轴线恢复的方法与步骤。
3. 如图 6-21 所示,已知地面水准点 A 的高程为 $H_A = 50.00\text{m}$,若在基坑内 B 点测设 $H_A = 30.000\text{m}$,测设时 $a = 1.415\text{m}$,$b = 21.360\text{m}$,$a_1 = 1.215$,问当 b_1 为多少时,其尺底即为设计高程 H_B?

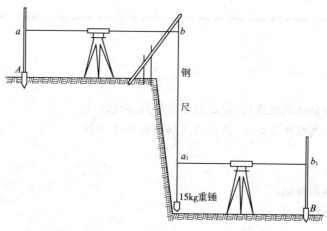

图 6-21

4. 柱基础施工测量工作有哪些?
5. 试述杯口内模板定位测量的方法与步骤。
6. 钢柱基础地脚螺栓定位测量需要保证哪两种精度,为什么?
7. 桩基础施工测量工作有哪些?
8. 基桩定位有哪些方法?
9. 简述沉桩过程中监测的内容。
10. 设备基础施工测量工作有哪些?
11. 如何建立设备基础内控制网?
12. 设备基础中心线标板埋设原则是什么?如何投点?

项目七　民用建筑主体施工测量

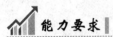

能力要求

1. 知道建筑物轴线测设方法,能进行现场轴线测设工作。
2. 知道建筑物高程传递方法,能进行现场高层传递工作。

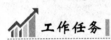

工作任务

1. 建筑物的轴线投测。
2. 建筑物的高程传递。

任务1　建筑物的轴线投测

一、资讯

当施工到达 ±0.00 高程以后,须逐层向上投测轴线,以控制建筑物的垂直度。基础工程完工后,用经纬仪将建筑物主轴线及其他中心线精确的投测到建筑物的底层,同时弹出门窗和其他洞口的边线,以控制浇筑混凝土时架立钢筋、支模板以及墙体砌筑。

投测建筑物的主轴线时,应在建筑物的底层或墙的侧面设立轴线标志,以供上层投测之用。

高层建筑物竖向投测的精度要求随其结构形式、施工方法和高度的不同而有差异。对于钢结构、钢筋混凝土结构和砌体结构,其主轴线竖向投测的允许偏差应满足表 7-1 中的规定(表中 H 为建筑物高度)。

建筑物主轴线投测方法常用外控法和内控法。

主轴线竖向投测允许偏差　　　　　　表 7-1

项　目		限差(mm)
每层(层间)		±3
建筑总(全)高 H (m)	$H \leqslant 30$	±5
	$30 < H \leqslant 60$	±10
	$60 < H \leqslant 90$	±15
	$90 < H \leqslant 120$	±20
	$120 < H \leqslant 150$	±25
	$150 < H$	±30

1. 外控法

当建筑物外围施工场地比较宽阔时,常用外控法。它是在建筑物外部,把经纬仪置于轴线控制桩上,瞄准轴线方向后用盘左盘右取平均的方法,将主轴线投测到上一层面。如图 7-1 所示,将经纬仪分别安置在 A 轴的控制桩 A_1 点和 A_1' 及 B 轴线控制桩 B_1 和 B_1' 上,分别照准首层的被投测轴线点 a_1、a_1'、b_1 和 b_1',用盘左和盘右度盘位置向上投测到施工层的楼板 a_2、a_2'、b_2 和 b_2' 上,并取平均位置作为该层投影点,其连线即为 A 轴和 B 轴在楼板上的投影。

当建筑物超过 10 层以上,因仪器距建筑物太近,仰角大,投测不便且影响投测精度,因此须将轴线控制桩延长引测到施工围墙以外 120m 的安全地面或附近多层建筑物的楼顶上,重新钉桩,如图 7-2 中的 A_1 和 A_2 点,即为 A 轴线延长后新的轴线控制桩。在新的轴线控制桩上安置经纬仪,瞄准 10 楼面上的 A 轴线的标志 a_{10} 及 a_{10}',再逐层向上投测,这种方法称为延长轴线法。

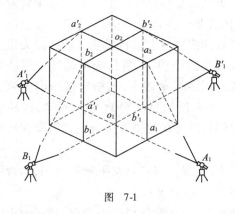

图 7-1

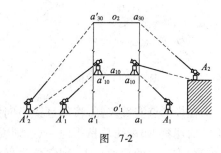

图 7-2

2. 内控法

当施工场地窄小,无法在建筑物外面轴线上安置经纬仪进行投测,特别是在建筑物密集的城市市区建造高层建筑时,均使用内控法。

内控形式是在建筑物内首层建立施工平面控制网,在各楼层与控制点竖向相应位置上预留 200mm×200mm 传递孔,利用光学垂准仪、激光铅垂仪、重垂球等建立的垂准线,将首层控制点竖向投测到不同高度的楼层,如图 7-3 所示。

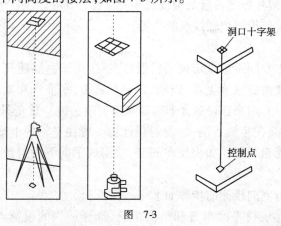

图 7-3

根据建筑物的施工现场条件,在建筑物内部的首层布设内控点,精确地测定内控点的位置。内控点宜选在建筑物的主要轴线上,并便于向上竖向投测。这种根据垂准线原理进行的轴线投测,由于使用的仪器不同,可分为下列三种投测方法。

(1) 吊线坠法

此法是悬吊特制的较重的线坠,以首层靠近建筑物轮廓的轴线交点为准,直接向各施工楼层悬吊引测轴线。吊坠法预留吊孔示意图如图7-4所示。此法经济、简单、直观。依次逐层悬吊线坠投测,只要操作准确、认真,精度便能满足要求。

(2) 光学垂准仪法

光学垂准仪作为铅直投测的仪器,向上或向下投点。向上投测称为天顶法,向下投测称为天底法。

天顶法是在经纬仪上加装望远镜弯管目镜,把仪器放在建筑物旁边或首层地板预先设置好的控制桩上进行投测。经纬仪天顶法竖向投测的原理,主要是视准轴线和仪器的竖轴在同一铅垂线上,当望远镜指向天顶方向时,在天顶的目标分划板上成像,经棱镜90°折射,即可在目镜上进行观测。操作步骤如下:

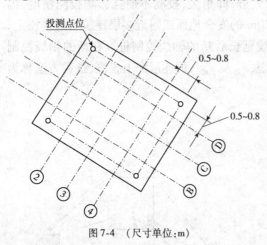

图7-4 (尺寸单位:m)

①在投测点安置仪器,将望远镜指向铅垂向上方向,慢慢将仪器水平旋转一周,由弯管目镜仔细观察,如视线总是指向一点,则说明视线正处于铅垂线上。

②在施工层的预留孔上,固定预先做好的分划板,这时从弯管目镜中观察,望远镜十字丝交点就是被投测点的位置。一般经纬仪在三个水平位置0°、120°、240°左右进行投测,在分划板上投出一个误差三角形,取其重心作为被投测点的位置。

③在同一施工层上需投测多点,以便互相检查,保证投测准确无误。

天底法是采用光学铅垂仪或特制的具有空心的竖轴、望远镜能向下直立、视线可以通过空心竖轴垂直向下照准基准点的经纬仪,如图7-5所示。投测方法是在施工层上安置铅垂仪,视线通过各层的预留孔照准首层的轴线或预先已设置好的轴线点(如图7-6中的P点),再在安置仪器的施工层上投测出轴线点的位置。

(3) 激光铅垂仪法

激光铅垂仪是一种专用于铅直定位的仪器,广泛应用于高层建筑、烟囱、电视塔的竖向定位测量。铅垂仪主要由氦氖激光器、竖轴、发射望远镜、水准管和基座等组成。竖轴是一个空心筒轴,两端有螺扣,用来连接激光器套筒和发射望远镜。激光器通过两组固定螺钉固定在套轴里,激光套管装在竖轴下端,而发射望远镜安置在竖轴的上端,这就组成了向上发射激光束的大顶式激光铅垂仪。如果反向安装,就组成了向下发射激光束的大底式激光铅垂仪。

用激光铅垂仪进行竖向投测的步骤如下

①首先应该根据建筑物平面布置和结构情况,选择适当的投测点,其点数不得少于3

个，位置离墙、柱、梁的距离为 0.6~1m，并设置固定标志，如图 7-7 所示。在埋设投测点控制桩以后，要准确测量控制桩间的距离和角度，并测量控制桩与周围轴线关系数据。

图 7-5

图 7-6

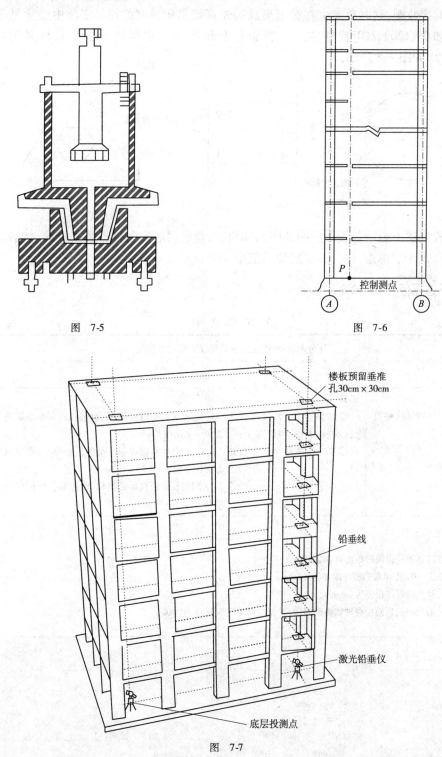

图 7-7

②安置仪器于控制桩上,仔细对中、整平后,接通电源,激光器即发射出铅直的激光束,并调到最强的激光输出,以便在目标上得到最亮的光斑。在欲投测层的预留孔上放置绘有坐标格网的接收靶,这时激光束在靶上形成的光斑就是所投测的点。实测中经常是用三个水平位置如 0°、120°、240°投测,如三个投影点不重合,而形成误差三角形,则取其重心为欲求的投测点,如图 7-8 所示。

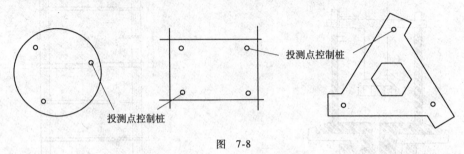

图 7-8

③在投测层上测量各投测点间的距离和角度,与底层的控制桩点数据校核,然后将各点在楼面上画出十字标志,作为本层定位的依据。

二、下达工作任务(表 7-2)

工 作 任 务 表　　　　　　　　　　表 7-2

任务内容:根据龙门板或轴线桩测设主轴线			
小组号		场地号	
任务要求: 　根据龙门板或轴线桩投测轴线	工具: 　经纬仪一台;水准仪一台;木板、木桩、铁钉若干;白线若干;吊坠 4 个;白石灰	组织: 　1. 全班按每小组 4~6 人分组进行,每小组推选一名组长和一名副组长; 　2. 组长总体负责本组人员的任务分工,要求组内各成员能相互配合,协调工作; 　3. 副组长负责仪器的借领、归还和仪器的安全管理等事务		
技术要求: 　1. 轴线桩离基槽外边线的距离可取 2~4m; 　2. 龙门板上 ±0.00 高程的容许误差为 ±5mm; 　3. 轴线钉投点的容许误差为 ±5mm; 　4. 用钢尺沿龙门板顶面检查轴线钉的间距,其相对误差不应超过 1/2000			
组长:_____　　副组长:_____　　组员:_____ 日期:_____年___月___日			

三、制订计划(表7-3、表7-4)

任务分工表　　　　　　　　　　　表7-3

小组号		场地号	
组长		仪器借领与归还	
仪器号			

分　工　安　排			
轴线桩号	测设者	钉轴线桩者	钉龙门板者

实施方案设计表　　　　　　　　　　　表7-4

(请在下面空白处写出任务实施的简要方案,内容包括操作步骤、实施路线、技术要求和注意事项等)

四、实施计划,并完成如下记录(表7-5)

实施计划记录表　　　　　　　　　　　表7-5

龙门板(轴线桩)的测设		
平面位置测设数据	高程测设数据	精度检核

建筑物主轴线的测设		
角桩号	测设数据	精度检核

五、自我评估与评定反馈

1. 学生自我评估(表7-6)

学生自我评估表　　　　　　　　　　　　　　　　　　　　　　　表7-6

实训项目					
小组号		场地号		实训者	
序号	检查项目	比重分	要　　求		自我评定
1	任务完成情况	30	按要求按时完成实训任务		
2	测设误差	20	成果符合限差要求		
3	实训记录	20	记录规范、完整		
4	实训纪律	15	不在实训场地打闹,无事故发生		
5	团队合作	15	服从组长的任务分工安排,能配合小组其他成员工作		

实训反思：

小组评分：_____　　　　　　　　　　　　　　　组长：_____

2. 教师评定反馈(表7-7)

教师评定反馈表　　　　　　　　　　　　　　　　　　　　　　　表7-7

实训项目					
小组号		场地号		实训者	
序号	检查项目	比重分	要　　求		考核评定
1	操作程序	20	操作动作规范,操作程序正确		
2	操作速度	20	按时完成实训		
3	安全操作	10	无事故发生		
4	数据记录	10	记录规范,无涂改		
5	测设成果	30	计算正确,成果符合限差要求		
6	团队合作	10	小组各成员能相互配合,协调工作		

存在问题：

考核教师：_____　　　　　　　　　　　　　____年____月____日

任务2 建筑物的高程传递

一、资讯

在建筑施工中,要从下层楼面向上层楼面传递高程。高程传递的目的是根据现场水准点或±0.00高程线,将高程向上传递至施工楼层,作为施工中各楼层测设高程的依据。高层传递过程中,差限要满足表7-8要求。传递高程的方法有以下几种。

高程竖向投测限差　　　　　　　　　　　表7-8

项　目		限差（mm）
每层（层间）		±3
建筑总（全）高 H （m）	H≤30	±5
	30＜H≤60	±10
	60＜H≤90	±15
	90＜H≤120	±20
	120＜H≤150	±25
	150＜H	±30

1. 利用皮数杆传递高程

在皮数杆上自±0.00高程线起,门窗口、楼板、过梁等构件的高程都已标明。一层楼砌好后,则从一层皮数杆起一层一层往上接,就可以把高程传递到各楼层。在接杆时要检查下层杆位置是否正确。

2. 利用钢尺直接丈量

沿某一墙角自±0.00高程处起用钢尺向上直接丈量,把高程传递上去。然后根据下面传递上来的高程立皮数杆,作为该层墙身砌筑和安装门窗、过梁及室内装修、地坪抹灰时控制高程的依据。

3. 水准测量法

在高层建筑的垂直通道(如电梯井、垂准孔等)中悬吊钢尺,钢尺下端挂一重锤,用钢尺代替水准尺,在下层与上层各架一次水准仪,将高程传递上去,从而测设出各楼层的设计高程。如图7-9所示。

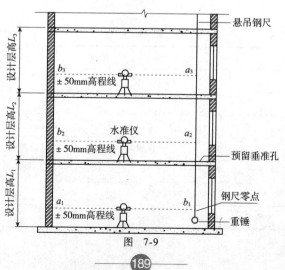

图 7-9

传递点的数目,根据建筑物的大小和高度确定。规模较小的多层建筑,宜从 2 处分别向上传递;规模较大的高层建筑,宜从 3 处分别向上传递。

将水准仪安置在施工楼层上,检测由下面传递上来的各水平线,误差为±3mm。在各施工楼层抄平时,水准仪应后视两条水平线作校核。

注意:操作前,水准仪应检验与校正;施测时尽可能保持前后视距相等;钢尺应检定,并应施加尺长改正、温度改正和拉力改正。

二、下达工作任务(表 7-9)

工作任务表   表 7-9

任务内容:高程传递			
小组号		场地号	
任务要求: 用水准测量法将一层高程传递到二层	工具: 水准仪 1 台;水准尺 1 对;记录板 1 块;钢尺一把	组织: 1. 全班按每小组 4~6 人分组进行,每小组推选一名组长和一名副组长; 2. 组长总体负责本组人员的任务分工,要求组内各成员能相互配合、协调工作; 3. 副组长负责仪器的借领、归还和仪器的安全管理等事务		
技术要求: 1. 仪器应安置于前、后视点中间位置; 2. 读数应读到毫米位;记录四位数字,不能省略其中的"0"; 3. 每组每人以不同仪器高观测同一前、后视点,高差之差不能超过 5mm			
组长:_____ 副组长:_____ 组员:_____			日期:____年____月____日

三、制订计划(表 7-10、表 7-11)

任务分工表   表 7-10

小组号		场地号		
组长		仪器借领与归还		
仪器号				
分 工 安 排				
序号	测点	观测者	记录者	立尺者

实施方案设计表　　　　　　　　　　　　　　　　　　　　　　　表 7-11

（请在下面空白处写出任务实施的简要方案，内容包括操作步骤、实施路线、技术要求和注意事项等）

四、实施计划，并完成如下记录（表 7-12）

高程传递记录手簿　　　　　　　　　　　　　　　　　　　　　　表 7-12

日期：_____　　天气：_____　　仪器型号：_____　　组号：_____
观测者：_____　　记录者：_____　　立尺者：_____

测点	水准尺读数或应读数(m)	钢尺读数(m)	高差 h(m)	已知点高程(m)	所测点高程
精度检核					

五、自我评估与评定反馈

1. 学生自我评估（表 7-13）

学生自我评估表　　　　　　　　　　　　　　　　　　　　　　　表 7-13

实训项目					
小组号		场地号		实训者	
序号	检查项目	比重分	要　　求		自我评定
1	任务完成情况	30	按要求按时完成实训任务		
2	测设误差	20	成果符合限差要求		
3	实训记录	20	记录规范、完整		
4	实训纪律	15	不在实训场地打闹，无事故发生		
5	团队合作	15	服从组长的任务分工安排，能配合小组其他成员工作		

实训反思：

小组评分：_____　　　　　　　　　　　　　　　　　　组长：_____

2. 教师评定反馈(表7-14)

教师评定反馈表　　　　　　表7-14

实训项目					
小组号		场地号		实训者	
序号	检查项目	比重分	要　　求		考核评定
1	操作程序	20	操作动作规范,操作程序正确		
2	操作速度	20	按时完成实训		
3	安全操作	10	无事故发生		
4	数据记录	10	记录规范,计算正确,无涂改		
5	测量成果	30	成果符合限差要求		
6	团队合作	10	小组各成员能相互配合,协调工作		

存在问题:

考核教师:_____　　　　　　　____年___月___日

自我测试

1. 设置施工控制桩和龙门板应注意哪些事项?
2. 如果采用挖掘机开挖基槽,是否需要设置龙门桩?
3. 高层建筑轴线投测的方法有哪些?分别适用于什么情况?
4. 为了保证高层建筑物沿铅垂方向建造,在施工中需要进行垂直度和水平角度观测,试问两者间有什么关系?
5. 建筑物的高程传递方法有哪几种?
6. 简述水准测量法传递高程的操作步骤。

项目八　厂房构件安装测量

能力要求

1. 知道柱子的安装测量工作,会进行柱子±0.00和-0.60高程线测量和垂直度校正。
2. 知道吊车梁的安装测量工作。
3. 知道吊车轨道的安装测量工作。
4. 知道屋架安装测量工作。

工作任务

1. 柱子安装测量。
2. 吊车梁安装测量。
3. 吊车轨道安装测量。
4. 屋架安装测量。

任务1　柱子安装测量

一、资讯

装配式单层工业厂房主要由柱子、吊车梁、屋架、天窗和屋面板等构件组成,如图8-1所示。在吊装每个构件时,有绑扎、起吊、就位、临时固定、校正和最后固定等几道工序。本项目主要介绍柱子、吊车梁、吊车轨道和屋架安装测量工作。

本任务以杯形基础钢筋混凝土柱为例,介绍柱子的安装测量及预埋地脚螺栓钢柱的安装测量。

1. 柱子吊装前的准备工作

(1) 已有测量成果检查

柱子吊装前应熟知施工方案和图纸,复核主要轴线和水准点,并做好仪器检校工作。

(2) 柱子检查与弹线

首先对每根柱子按轴线位置编号,并检查柱子尺寸是否符合图纸的尺寸要求。接着用直尺量距确定柱中心位置,各侧面上弹出中心线,如图8-2所示。然后根据牛腿面的设计高程,自牛腿面向下精确标出±0.00及-0.60高程线,并画"▼"标明。最后根据牛腿面至柱底全长,推算柱底实际高程,及"-0.60高程线"至柱底的长度$d_{柱}$,并记录。

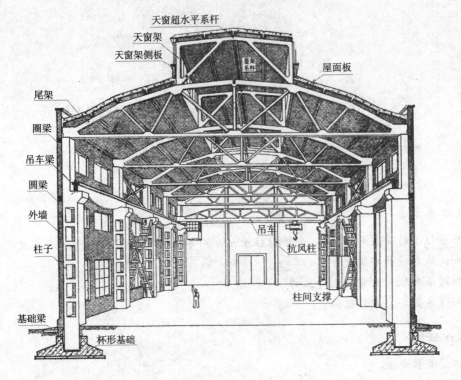

图 8-1

(3)杯口检查与弹线

步骤如下:第一步根据定位轴线,采用方向交会法,标出杯口定位点,检测杯口的平面位置是否正确,偏差值应小于10mm,同时检查杯口的大小、垂直度和杯深等是否符合要求。第二步根据杯口定位点和相关尺寸关系,确定杯口中心线位置,将其纵、横轴线标在基础面上,如图8-3所示。第三步从水准点引测,在杯口内壁标出-0.60高程线,画"▼"标明。测量误差应小于3mm。最后测出杯底实际高程,为杯底找平做好准备,测量方法可用水准仪,也可用钢尺量取"-0.60高程线"至杯底的深度$d_{杯}$来推算。

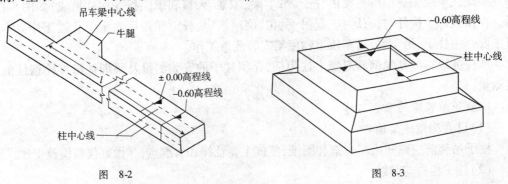

图 8-2　　　　　　　　　　　图 8-3

(4)杯底找平

杯底高程与柱底推算高程通常不完全相等,此时应计算出差数$\Delta h = d_{柱} - d_{杯}$,用于控制杯底找平厚度。当杯底高程偏低时用1:2水泥砂浆,以Δh厚度找平杯底,或者用相应厚度的垫铁置于杯底;当杯底高程偏高时,则必须凿去 Δh 厚度的混凝土(锯柱子是不允许的),使凿后的杯底高程与柱底推算高程相吻合。

杯底找平后,应用钢尺或水准仪再次检查,其施工误差应小于3mm。

2. 柱子吊装时的测量

将柱子吊入杯口后,首先使柱身基本竖直,再令其侧面所弹的中心线与杯口中心线重合,并用木楔初步固定。若有偏差,可用铁锤敲打楔子拨正,其允许偏差为±5mm内。

柱子立稳后,应立即用水准仪,观测±0.00高程线是否符合设计要求,其实际高程的允许偏差应为±3mm内。

根据《工程测量规范》(GB 50026—2007)的规定,柱子安装测量的允许偏差应符合表8-1中的要求。

柱子安装测量的允许偏差一览表　　　　　表8-1

测量内容	高程测量与检查			垂直度检查		
	钢柱垫板	钢柱±0.00高程处	混凝土柱±0.00高程处	钢柱牛腿	柱高≤10m	柱高>10m
允许偏差(mm)	±2	±2	±3	5	10	$H/1000$,且≤20

3. 柱子垂直度校正

将两台经纬仪(或全站仪)分别安置在柱基纵、横轴线附近,离柱子距离为柱高的1.5~2倍。严格精平后,瞄准柱子底部中心线,固定照准部,仰视柱子顶部中心线。若柱中心线没有偏离纵丝,表明柱子在该方向上已经竖直;若有偏离,可通过拉绳、支撑、千斤顶或敲打楔子等方法调整,使柱子在该方向上垂直,直到柱子两侧面的中心线都竖直,如图8-4所示。经校正柱子的垂直度应满足表8-1规定,同时检查柱身中心线与杯口中心线是否依旧重合(允许偏差为±5mm),两者均满足要求后,立即灌浆固定柱子。

为了提高工作效率,常把成排的柱子都竖起来后,再统一校正。由于在纵轴方向上,柱距很小,可将经纬仪安置在纵轴的一侧,如图8-5所示。这样安置一次仪器,可以校正数根柱子,但要注意仪器偏离轴线的夹角β不宜大于15°。

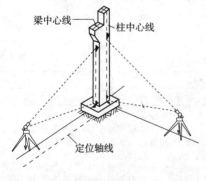

图 8-4　　　　　　　　　　　　　图 8-5

校正柱子时,还应注意下列事项:

①严格检验校正经纬仪。

②柱子校正时,宜先校正偏差大的一面,再校正偏差小的一面。

③当校正变截面柱子时,经纬仪应安置在轴线上校正,否则容易产生差错。

④应选在无风早晨或阴天校正柱子,不宜在烈日下进行。

4. 预埋地脚螺栓钢柱的安装测量

预埋地脚螺栓钢柱与杯形基础混凝土柱的安装测量基本相同,主要区别在于柱底高程的调整和垂直度偏差的拨正方法不同。钢柱支承面有多种形式,如预埋钢板、支座、座浆垫板、钢垫板或直接用基础顶面等。基础高程调整,常采用C40无收缩细石混凝土或铁屑砂浆等二次浇筑,如图8-6所示。现介绍一种实用安装测量方法。

首先全面检查钢柱的规格,并根据牛腿面设计高程,划出±0.00高程线,算得柱底实际高程。由于钢柱加工精度高,一般柱底高程设计值与之差异微小。

然后地脚螺栓拧上柱下螺母,套上柱下垫铁。通过调节柱下螺母,水准仪跟踪测设,使垫铁高程等于柱底实际高程(测量误差为±2mm)。并在该螺栓顶划"十"字记号,表示此为基准螺栓。接着旋转其他柱下螺母,水平尺控制,使同个柱子其余柱下垫铁高度与基准螺栓柱下垫铁同高,如图8-7所示。

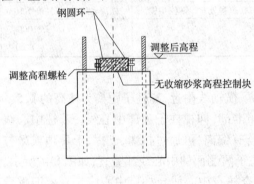

图 8-6

图 8-7

再接着,将钢柱吊起,就位后套上垫铁,带紧柱上双螺母。通过调节柱上、柱下螺母,校正好柱子垂直度,并拧紧。最后进行±0.00高程线检查,并二次浇筑混凝土加固。

钢柱平面位置安装精度,取决于地脚螺栓的埋设精度,安装前应检查和纠偏,安装后一般不需调整。

二、下达工作任务(表8-2)

工 作 任 务 表 　　　　　　表8-2

任务内容:柱列垂直度校正		
小组号		场地号
任务要求: 　1.模拟柱子安装施工现场;宜将方木弹线后,安装在空心水泥砖(杯口)上;亦可将花杆直接插在泥地上形成柱列; 　2.校正柱列的垂直度; 　3.根据方向差计算垂直偏差	工具: 　　测角仪器2套;皮尺、小钢尺各1个;记号笔1支;记录板1块;50×50方木、空心水泥砖、木楔子各4块(或花杆4根);适量小木桩(注:若测角仪器每组配一套,则模拟的柱子按4×4点阵布置,两组相互配合)	组织: 　1.全班按每小组4~6人分组进行,每小组推选一名组长和一名副组长; 　2.组长总体负责本组人员的任务分工,要求组内各成员能相互配合,协调工作; 　3.副组长负责仪器的借领、归还和仪器的安全管理等事务
技术要求: 　按柱高≤10m控制,垂直度允许偏差为10mm		
组长:_____　　副组长:_____　　组员:_____ 　　　　　　　　　　　　　　　　　　　　　　　日期:___年___月___日		

三、制订计划（表8-3、表8-4）

任 务 分 工 表　　　　　　　　　　　　　　　　　　　表8-3

小组号			场地号	
组长			仪器借领与归还	
仪器号				
分 工 安 排				
柱子编号	柱子/杯口弹线施工员	柱子安装施工员	纵轴方向观测者/计算者	横轴方向观测者/计算者

实施方案设计表　　　　　　　　　　　　　　　　　　　表8-4

（请在下面空白处写出任务实施的简要方案，内容包括操作步骤、实施路线、技术要求和注意事项等）

四、实施计划，并完成如下记录（表8-5）

柱子垂直度校正手簿　　　　　　　　　　　　　　　　　表8-5

日期：_____　天气：_____　仪器型号：_____　组号：_____
纵轴方向观测者：_____　计算者：_____　其他辅助员：_____
横轴方向观测者：_____　计算者：_____　其他辅助员：_____

	柱子编号		1号	2号	3号	4号	5号	备注
校正前观测	纵轴方向	距离 S(m)						
		方向差 δ(″)						
		垂直偏差 Δ(mm)						
	横轴方向	距离 S(m)						
		方向差 δ(″)						
		垂直偏差 Δ(mm)						
第二次观测	纵轴方向	距离 S(m)						
		方向差 δ(″)						
		垂直偏差 Δ(mm)						
	横轴方向	距离 S(m)						
		方向差 δ(″)						
		垂直偏差 Δ(mm)						
校正最终结果	纵轴方向	距离 S(m)						
		方向差 δ(″)						
		垂直偏差 Δ(mm)						
	横轴方向	距离 S(m)						
		方向差 δ(″)						
		垂直偏差 Δ(mm)						

注：$\Delta = S \cdot 1000 \cdot \delta'' / 206265$

五、自我评估与评定反馈

1. 学生自我评估（表8-6）

学生自我评估表　　　　　　　　　　　　　　　　　　　　　表8-6

实训项目				
小组号		场地号		实训者
序号	检查项目	比重分	要　　求	自我评定
1	柱子、杯口弹线	30	操作动作规范，按要求按时完成实训任务	
2	校正观测	20	操作动作规范，程序正确，校正精度符合要求	
3	记录计算	20	记录规范、整洁，无涂改	
4	实训纪律	15	不在实训场地打闹，无事故发生	
5	团队合作	15	服从组长的任务分工安排，能配合小组其他成员工作	
实训反思：				
小组评分：_____				组长：_____

2. 教师评定反馈（表8-7）

教师评定反馈表　　　　　　　　　　　　　　　　　　　　　表8-7

实训项目				
小组号		场地号		实训者
序号	检查项目	比重分	要　　求	考核评定
1	柱子、杯口弹线	20	操作动作规范，操作程序正确，按时完成实训	
2	校正观测	20	操作动作规范，程序正确	
3	记录计算	10	记录规范、整洁，无涂改	
4	安全操作	10	无事故发生	
5	校正精度	30	精度符合要求	
6	团队合作	10	小组各成员能相互配合，协调工作	
存在问题：				
考核教师：_____				____年___月___日

任务2 吊车梁安装测量

一、资讯

1.吊车梁吊装前的准备工作

吊车梁是一种重要厂房构件,它分为钢梁和钢筋混凝土梁两种,一般安装在牛腿上,如图 8-8、图 8-9 所示。其安装精度要求较高,吊装前应做好以下工作。

图 8-8

图 8-9

(1)吊车梁顶面和端面弹线

吊装前,应全面检查吊车梁的实际尺寸与设计是否相符,然后在其顶面和两个端面弹出吊车梁的中心线,如图 8-10 所示。

(2)在地面上测设吊车梁中心线

根据实际情况以主要轴线、柱中心线或厂房中心线为吊车梁中心线的基准线,根据平行线测设原理和几何尺寸关系,在地面上测设出吊车梁中心线 $A'A'$ 和 $B'B'$,如图 8-11a)所示。吊车梁中心线应埋设端点控制桩,并检查两中心线的垂距是否与轨距一致,测量误差不大于 2mm。

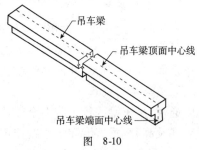

图 8-10

可能牛腿之间会相互阻挡视线,宜根据通视情况,在两端点控制桩间埋设一些节点,以便投测。另注意:吊车梁中心线与轨道中心线是否重合。

(3)在牛腿上投测吊车梁中心线

将经纬仪安置在吊车梁中心线的端点 A' 上,瞄准另一个端点,仰起望远镜,将吊车梁中心线投测到每根柱子的牛腿面上,并弹出墨线。

当视线被挡时,可迁站至节点上投测,或从牛腿面向下吊线锤作为照准目标,以此解决。

(4)牛腿面高程检测

首先用水准仪测出柱上特定标志的高程。若 ±0.00 高程线尚未埋入柱脚,测出该标志线实际高程;若该线已埋入柱脚,则测设出 +0.05 高程线,或测出基础面实际高程。

接着用钢尺精密量取标志线至牛腿面的长度,计算出牛腿面实际高程。并与吊车梁底面设计高程比较,求得垫铁厚度,以便加工准备(注:该厚度垫铁需两块)。

然后在牛腿面上部,精确标出吊车梁顶面设计高程线,或统一高出某一固定值的

"高程参照线",以便安装时控制梁顶面高程。牛腿面高程测量误差不大于2mm。

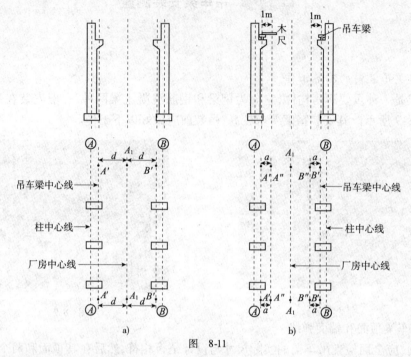

图 8-11

2. 吊车梁吊装

在牛腿面上预先放置相应厚度的垫铁,若为钢结构,应点焊于牛腿面。

吊起吊车梁,使吊车梁端面上的中心线与牛腿面上的中心线对齐,或让顶面中心线与相邻梁顶面中心线对齐,并使两端搁置长度相等,缓慢落下,将吊车梁初步安装在牛腿面上。

3. 吊车梁的校正

通常,吊车梁的校正应在全部梁吊装结束后进行,但重型吊车梁可随吊随校。校正工作主要涉及高程、垂直度和中心线校正等。

(1) 吊车梁高程校正

吊车梁高程(水平度)校正主要是对梁的端部高程进行校正。

用钢尺精密量测,梁顶面至"高程基准点"之间的高差,是否与原先拟定值相符。若有差异,可用起重机或千斤顶或特殊工具抬空,然后在梁底填设(减少)垫铁,直至梁顶面实际高程与设计值相符。

若吊车梁顶面够宽或相近高度处有小平台,可将水准仪直接安置在梁面或小平台上,此时不但可以较正吊车梁端点高程,还可检测吊车梁中部高程。

根据《钢结构工程施工质量验收规范》(GB 50205—2001)的规定,同列相邻两柱间吊车梁顶面高差应要求小于或等于$l/1500$(l 为梁长),且最大不超过 10mm;相邻两吊车梁接头部高差要求小于或等于 1mm;同跨同一横截面两吊车梁顶面高度差在支座处要求小于或等于 10mm,其他处要求小于或等于 15mm。

(2) 吊车梁垂直度校正

在校正高程的同时,用靠尺、线锤、水平尺在吊车梁的两端(鱼腹式在跨中),测量垂直度,如图 8-12 所示。若偏差超过规范允许值,用楔形钢板在一侧填塞纠正。

根据《钢结构工程施工质量验收规范》(GB 50205—2001)的规定,垂直度允许偏差为 $h/500$(h 为梁高)。实际工作中,允许偏差要求小于或等于 5mm。

(3)吊车梁中心线校正

吊车梁中心线的校正,应在屋架及其他构件完全调整固定之后进行,否则会影响安装质量。根据《钢结构工程施工质量验收规范》(GB 50205—2001)的规定,吊车梁中心线相对定位轴线的允许偏差为 ±5mm,接头部位中心错位允许偏差为 ±3mm。校正方法有平行线法、通线法等,现介绍如下:

①平行线法

第一步:吊车梁校正轴线测设。如图 8-11b)所示,顾及吊车梁顶面半宽,拟定吊车梁中心线 $A'A'$ 与校正轴线 $A''A''$ 的间距 a(常取 1m)。在地面上测设吊车梁中心线之际,采用相同办法测设校正轴线,并埋设端点控制桩,测量误差要求小于或等于 2mm。

第二步:安置仪器与投测。如图 8-13 所示,将经纬仪安置在校正轴线端点控制桩上,瞄准对面端点控制桩,固定照准部,仰起望远镜投测。

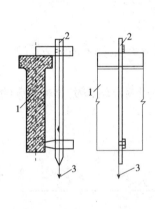
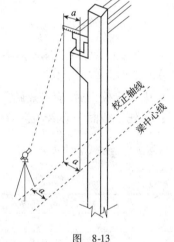

图 8-12　　　　　　　　　　　图 8-13
1-吊车梁;2-靠尺;3-线锤

第三步:读取平移量。助手将木尺垂直与梁中心线放置,并左右移动,当望远镜纵丝对准 a(1m)分划线时,梁顶面中心线(墨线)偏离木尺零点的读数就是平移量。

第四步:拨正。利用千斤顶或撬杆平移吊车梁,使梁顶面所弹中心线与木尺零点分划线重合即可。

第五步:同理拨正其他吊车梁的端点。

实际工作中,若由高精度激光仪器建立铅垂基准面,效果更好。

②通线法

第一步:点焊圆钢管或设置线夹。在吊车梁两端上沿中心线上,临时点焊 $\phi 30 \sim \phi 50$mm 的圆钢管或设特制线夹,如图 8-14 所示。

第二步:校正端点梁,投测中心线于圆钢管。在吊车梁中心线端点控制桩上,安置经纬仪,瞄准对面端点控制桩,固定照准部,仰起望远镜。校正好第一根梁近仪器端的平面位置后,把吊车梁中心线投测到圆钢管,锯浅槽标记。迁站后,同样方法处理另一端。

第三步:通线。过圆钢管浅槽,拉细钢丝,两端挂重锤拉紧。

第四步:拨正。利用千斤顶或撬杆平移吊车梁,直至梁顶面中心线(墨线)与钢丝处在同一铅垂面内为止。

第五步:同理拨正其他吊车梁端点。

实际工作中,也可在吊车梁两端柱子,高出梁顶面合适处临时焊以角钢,再将吊车梁中心线投测于此,通线后吊线锤判断钢丝与梁顶面中心线(墨线)是否重合。若梁面足够宽,还可将经纬仪直接安置在梁上校正。

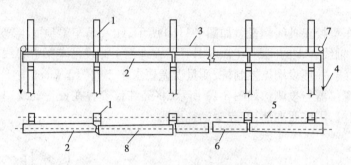

图 8-14

1-柱;2-吊车梁;3-钢丝;4-线锤;5-柱轴线;6-吊车梁中心线;7-圆钢管;8-偏离中心线的吊车梁

(4)吊车梁跨距检查

吊车梁中心线校正后,应检查跨距。检查方法一般采用钢尺精密丈量对称点的间距,规范要求同跨间任一截面中心跨距误差为±10mm内。

二、下达工作任务(表8-8)

工作任务表　　　　　　　　　　表8-8

任务内容:吊车梁安装高程测设与校正		
小组号		场地号
任务要求: 1. 模拟吊车梁安装施工现场;将水泥砖(或方凳、支架)靠在墙边模拟牛腿面;在柱上定出±0.00高程线,检测牛腿面高程,求垫板厚度,测设吊车梁顶面高程基准点;以方木或水准尺为梁,加以安装和固定; 2. 校正吊车梁高程	工具: 　DS$_3$水准仪1套;皮尺、小钢尺各1个;记号笔1支;记录板1块;50×50方木3根、空心水泥砖或方凳4块;不同厚度垫板若干	组织: 1. 全班按每小组4~6人分组进行,每小组推选一名组长和一名副组长; 2. 组长总体负责本组人员的任务分工,要求组内各成员能相互配合,协调工作; 3. 副组长负责仪器的借领、归还和仪器的安全管理等事务
技术要求: 1. 牛腿面高程检测的测量误差≤2mm; 2. 同列相邻两柱间吊车梁顶面高差≤$l/1500$(l为梁长),且最大不超过10mm; 3. 相邻两吊车梁接头部位高差≤1mm; 4. 同跨内同一横截面两吊车梁顶面高度差在支座处≤10mm,其他处≤15m		
组长:　　　　　　副组长:　　　　　　组员:		
日期:　　　年　　月　　日		

三、制订计划（表8-9、表8-10）

任务分工表　　　　　　　　　　　　　　　　　　　　表8-9

小组号			场地号	
组长			仪器借领与归还	
仪器号				
分 工 安 排				
柱子编号	观测者	立尺者	记录/计算者	吊车梁安装施工员

实施方案设计表　　　　　　　　　　　　　　　　　　表8-10

（请在下面空白处写出任务实施的简要方案，内容包括操作步骤、实施路线、技术要求和注意事项等）

四、实施计划，并完成如下记录（表8-11）

吊车梁安装高程测设与校正手簿　　　　　　　　　　表8-11

日期：_____　天气：_____　仪器型号：_____　组号：_____
观测者：_____　立尺者：_____　记录者或计算者：_____　施工员：_____

	编号	项　目	测 设 结 果			
设计参数	1	吊车梁长度				
	2	吊车梁厚度				
	3	梁底面设计高程				
	4	梁顶面设计高程				
		柱子编号	1号	2号	3号	4号
安装高程测设	5	柱上±0.00高程线实测高程				
	6	±0.00高程线至牛腿面长度				
	7	牛腿面实际高程				
	8	垫板厚度				
	9	梁顶基准点高程拟定值				
	10	±0.00高程线至基准点长度				
	11	基准点至梁顶固定高差				

续上表

编号		项 目	测 设 结 果							
		测点位置	左端	右端	左端	右端	左端	右端	左端	右端
校正前高程	12	后视读数	—							—
	13	中间视读数	—							—
	14	高差								
	15	梁顶面实测高程	—							—
	16	安装误差	—							—
校正后高程	17	后视读数	—							—
	18	中间视读数	—							—
	19	高差								
	20	梁顶面实测高程	—							—
	21	安装误差	—							—

表中部分项目关系式如下: $4=3+2;7=5+6;8=3-7;10=9-5;14=12-13;15=9+14;16=15-4$。

五、自我评估与评定反馈

1. 学生自我评估（表8-12）

学生自我评估表　　　　　　　　　　　　　　　　　　表8-12

实训项目					
小组号		场地号		实训者	
序号	检查项目	比重分	要　　求		自我评定
1	吊前准备 吊车梁安装	30	操作动作规范,操作程序正确,按要求按时完成实训任务		
2	高程校正观测	20	操作动作规范,操作程序正确		
3	高程校正记录计算	20	记录规范、完整		
4	高程校正精度	15	各项均满足相关规定		
5	实训纪律		不在实训场地打闹,无事故发生		
6	团队合作	15	服从组长的任务分工安排,能配合小组其他成员工作		

实训反思：

小组评分：_____　　　　　　　组长：_____

2. 教师评定反馈(表 8-13)

教师评定反馈表　　　　　　　　　　　　　　　　　　　表 8-13

实训项目					
小组号		场地号		实训者	
序号	检查项目	比重分	要　　求		考核评定
1	吊前准备 吊车梁安装	20	操作动作规范,操作程序正确,按要求按时完成实训		
2	高程校正观测	20	操作动作规范,操作程序正确		
3	高程校正记录计算	10	记录规范、完整		
4	高程校正精度	10	各项均满足相关规定		
5	实训纪律	30	不在实训场地打闹,无事故发生		
6	团队合作	10	小组各成员能相互配合,协调工作		
存在问题:					
考核教师:_____				____年___月___日	

任务 3　吊车轨道安装测量

一、资讯

吊车轨道安装测量是进行轨道安装后的检查测量。

1. 吊车轨道安装前的准备工作

(1) 熟悉轨道设计图和施工方案

吊车运行轨道通常为钢轨,顶部呈凸形,底部是具有一定宽度的平板,截面多为工字形,具有良好的抗弯强度,如图 8-15、图 8-16 所示。

图 8-15

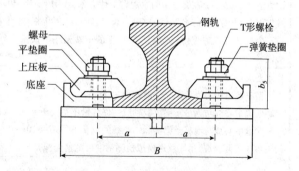

图 8-16

a-压轨器螺栓中心与钢轨中心的距离;B-吊车轨道横断面总宽度

用于安装吊车轨道的梁分钢结构梁和混凝土预制梁两种。混凝土预制梁必须留有预埋孔,以备安装时穿螺栓,或者在混凝土预制梁中预埋螺栓。

吊车轨道的安装方法有用压板固定法、钩形螺杆固定法、焊接和螺栓联用固定法等。

(2) 吊车梁安装质量检测

吊车轨道安装前,应对吊车梁安装质量作全面检测,主要涉及高程、垂直度、中心线和跨距等。复测方法与吊车梁的校正方法相同,不再重复。

2. 吊车轨道的检测

吊车轨道在吊车梁上安装后,必须检查轨道中线是否成直线(平顺度),轨道跨距及轨顶高程是否符合设计要求,若超限应校正。

(1) 中心线检测

吊车轨道中心线的检测方法与吊车梁的校正(或检测)方法相同,可采用平行线法或通线法。其允许偏差为 ±2mm 内。

但要注意轨道中心线与钢吊车梁腹板轴线的偏移量不得大于 $t/2$,t 为吊车梁腹板厚度;对于混凝土吊车梁而言,则要求轨道中心线与梁实际中心线的偏差不得超过 10mm。

(2) 跨距检测

吊车轨道跨距的检测方法,是在两条轨道的对称点上,直接用钢尺精密丈量。检测位置应在轨道的两端点和中间点,且最大间隔不宜大于 15m,实测值与设计值偏差不得大于 5mm。

(3) 轨顶高程检测

根据柱面上已定出的高程基准线,用水准仪检测,尽量一站完成。将水准尺直接立在轨顶,在轨道接头和每隔 3~5m 处测一点高程,轨顶高程安装测量允许偏差为 ±2mm 内。

二、下达工作任务(表8-14)

工作任务表　　　　　　　　　　　　　　　　表8-14

任务内容:吊车轨道中心线检测		
小组号		场地号
任务要求: 1.模拟吊车轨道安装施工现场,以道路侧石、坎沿、围墙、阳台等线状物为吊车梁,根据定位轴线及相关尺寸,将弹有中心线的方木模拟安装在吊车梁上;方木固定方法:可用成对钉在缝隙中的水泥钉卡住方木,或用胶带固定,或用长铁钉将方木直接钉在地面上; 2.会测设校正轴线(或通线),并检测吊车轨道中心线	工具: 测角仪器1套;皮尺、小钢尺各1个;记号笔1支;记录板1块;50×50方木3根;小木桩4个;小铁锤1个;水泥钉若干;棉线球1个	组织: 1.全班按每小组4~6人分组进行,每小组推选一名组长和一名副组长; 2.组长总体负责本组人员的任务分工,要求组内各成员能相互配合,协调工作; 3.副组长负责仪器的借领、归还和仪器的安全管理等事务
技术要求: 1.吊车轨道中心线检测允许偏差为 ±2mm; 2.轨道中心线与钢吊车梁腹板轴线的偏移量不得大于 $t/2$,t 为吊车梁腹板厚度; 3.轨道中心线与混凝土梁实际中心线的偏差不得超过10mm (注:鉴于实际情况,吊车轨道模拟检测精度可酌情降低)		

组长:　　　　　副组长:　　　　　组员:　　　　　　　　　　　　　

日期:　　　年　　月　　日

三、制订计划(表8-15、表8-16)

任 务 分 工 表　　　　　　　　　　　　　　　　　　表8-15

小组号			场地号		
组长			仪器借领与归还		
仪器号					
分　工　安　排					
测点编号	测点位置	观测者	拉尺丈量者	记录者或计算者	安装施工员

实施方案设计表　　　　　　　　　　　　　　　　　　表8-16

(请在下面空白处写出任务实施的简要方案,内容包括操作步骤、实施路线、技术要求和注意事项等)

四、实施计划,并完成如下记录(表8-17)

吊车轨道中心线检测手簿　　　　　　　　　　　　　　表8-17

日期:_____　天气:_____　仪器型号:_____　组号:_____

观测者:_____　拉尺者:_____　记录者或计算者:_____　施工员:_____

吊车轨道中心线检测方法	(1)平行线法;(2)通线法		
柱中心线与定位轴线关系				
轨道中心线与柱中心线关系				
轨道中心线与校正轴线关系				
校正轴线与定位轴线关系				
测点编号	测点位置	相对校正轴线的偏差值(mm) || 相对吊车梁实际中线的偏差情况(mm)	
		检测前	检测后	检测前	检测后

五、自我评估与评定反馈

1. 学生自我评估（表8-18）

学生自我评估表　　　　　　　　　　　　　　　　　　　　　表8-18

实训项目				
小组号		场地号	实训者	
序号	检查项目	比重分	要　　求	自我评定
1	安装前准备、吊车轨道安装	20	操作动作规范,程序正确,并按时完成任务	
2	中心线检测观测操作	20	操作动作规范,程序正确	
3	中心线检测记录计算	20	记录规范、完整	
4	中心线检测精度	20	各项均满足相关规定	
5	实训纪律	10	不在实训场地打闹,无事故发生	
6	团队合作	10	服从组长的任务分工安排,能配合小组其他成员工作	

实训反思：

小组评分：_____　　　　　　　　　　　　　　组长：_____

2. 教师评定反馈（表8-19）

教师评定反馈表　　　　　　　　　　　　　　　　　　　　　表8-19

实训项目				
小组号		场地号	实训者	
序号	检查项目	比重分	要　　求	考核评定
1	安装前准备、吊车轨道安装	20	操作动作规范,程序正确,并按时完成任务	
2	中心线检测观测操作	20	操作动作规范,程序正确	
3	中心线检测记录计算	20	记录规范、完整	
4	中心线检测精度	20	各项均满足相关规定	
5	安全操作	10	无事故发生	
6	团队合作	10	小组各成员能相互配合,协调工作	

存在问题：

考核教师：_____　　　　　　　　　　　_____年___月___日

任务4　屋架安装测量

一、资讯

1. 屋架安装测量准备工作

(1) 熟悉屋架设计图和施工工艺

屋架有木屋架、钢筋混凝土屋架、钢屋架及钢大梁等形式，如图 8-17 所示。屋架种类不同，其安装方法会存在一些差异。故吊装前，应仔细识读屋架设计图，熟悉施工工艺，并制订测量方案。

a) 木屋架

b) 钢筋混凝土屋架

c) 钢屋架

d) 钢大梁

图 8-17

(2) 厂房轴线、柱顶高程复核

屋架吊装前，首先对厂房主要轴线进行复核，然后检查跨距和柱子安装质量，最后复测柱顶（或圈梁）屋架搁置点的高程，对称点高差要求小于或等于 5mm。

(3) 在柱顶弹出屋架安装中线

根据厂房纵横轴线，在柱顶上弹出屋架安装中线。具体做法有两种：一是每个柱都用经纬仪投测；二是用经纬仪将一跨四角柱的纵横轴线投测好，然后拉钢丝（或墨线）弹纵轴线，用钢尺丈量间距，弹出横轴线（开间）。

(4) 弹出屋架中心线

屋架起吊前，应在屋架两端的上下弦弹出屋架中心线，同时检查屋架尺寸。

2. 屋架吊装

安装第一榀屋架时，在松开吊勾前应做初步校正。对准屋架基座中心线与柱顶安装中线,使屋架初步就位,允许误差为±5mm。再通过缆风绳临时固定和调整垂直度,检查侧向弯曲后,及时与挡风柱相连。第二榀屋架吊装就位,首先用绳索、屋架校正器等与第一榀屋架临时相连固定,然后安装支撑系统及部分檩条,形成稳定空间体。从第三榀开始,在屋架脊点及上弦中点装上檩条,即可将屋架固定。靠山墙开间的檩条长度,常比其他开间短半个柱子宽度,施工中务必注意。

3. 屋架垂直度校正

屋架垂直度校正的方法有经纬仪平行线法、吊线锤法及全站仪坐标测量法。

(1) 经纬仪平行线法

如图 8-18 所示,在屋架上安装三把卡尺,一把卡尺安装在屋架上弦中点附近,另外两把分别安装在屋架的两端。自屋架中心几何沿卡尺向外量出一定距离,一般为 500mm,作出标志。在地面上,根据定位轴线,并根据定位轴线与柱中心线的尺寸关系(山墙和变形缝处的横轴与柱中线常不重合),测设出距屋架中心线同样是 500mm 的平行线,并设端点桩,端点桩距柱子的距离应为柱高 1.5 倍以上。

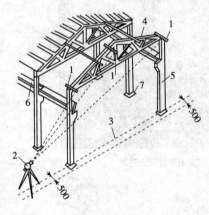

图 8-18
1-卡尺;2-经纬仪;3-定位轴线;4-屋架;5-柱;
6-吊车梁;7-柱基

在端点桩上安置经纬仪,瞄准对面端点桩后,固定照准部,仰视 3 把卡尺的标志。3 个标志若在同一竖面内,不仅表明屋架平面位置正确,通常也表明屋架已竖直。根据《钢结构工程施工质量验收规范》(GB 50205—2001)的规定,竖向偏差超过 $h/250$(h 为屋架或中立柱高度),或大于 15mm 时,应用机具校正,最后将屋架固定。

当屋架存在侧向弯曲时,即便 3 把卡尺的标志在同一竖面内,屋架也不完全竖直。此时,应在下弦中点附近也放一把相同卡尺,当上下弦卡尺标志与视线偏差值相同时,表明屋架垂直,且偏差值就是侧向弯曲矢高 f。屋架长度 l 分别为:$l \leq 30m$、$30m < l \leq 60m$、$l > 60m$ 时,f 分别不应大于 10mm、30mm 和 50mm。

(2) 吊线锤法

当工地缺少经纬仪时,可在屋架上弦中点附近安装一把卡尺,自屋架几何中心线,沿卡尺向外量出一定距离,一般超出屋架侧面 50mm 即可。从上弦卡尺外端点吊线锤至下弦,钢尺量取锤线距下弦中心线的距离,两者相等表明屋架垂直。

若还要检测侧向弯曲矢高 f,则还需从下弦两端拉线,并结合线锤位置计算。

(3) 全站仪坐标测量法

将全站仪架在跨中合适位置,利用全站仪自带程序"两点参考线"功能,建立以横向定位轴线左侧端点桩为坐标原点,左右端点桩连线为坐标主轴的局部坐标系。

吊装前,在屋架两端及上下弦中点附近侧面粘贴反射片,使四块反射片至屋架中心线的垂距相等。跟踪观测反射片,得 N、E、Z,其中 E 表示测点至横向定位轴线的垂距。

当 $E_{左端} = E_{右端}$,表明屋架中心线已平行横向定位轴线;

当 $E_{上弦} = E_{下弦}$,表明屋架已垂直;

当 $E_{左端}=E_{右端}$,且 $E_{上弦}=E_{下弦}$,但 $E_{左端}\neq E_{上弦}$,表明屋架存在侧向弯曲,$f=E_{左端}-E_{上弦}$。

当 $E_{左端}=E_{右端}=E_{上弦}=E_{下弦}$,表明屋架垂直且没有侧向弯曲。

二、下达工作任务(表8-20)

工作任务表　　　　　　　　　　　　　表8-20

任务内容:屋架垂直度校正			
小组号		场地号	
任务要求: 1. 模拟屋架安装施工现场: ①取方木条一根作为屋架中立柱,顶部正中敲一小钉以便系绳索,顶部安装卡尺(直尺、废旧钢尺)一把,至方木中心距离 d 处做好标记; ②从中立柱顶部小钉引两等长细绳,将绳固定在模拟横墙中心线上;同时通过缆风绳,将中立柱也固定在横墙中心线上,形成屋架模型;若有现成屋架则更佳; 2. 会测设校正轴线,并校正屋架垂直度; 3. 了解屋架侧向弯曲	工具: 　测角仪器1套;皮尺、钢圈尺、三角板、直尺各1个;记号笔1支;记录板1块;50×50方木1根,小木桩4个,小铁锤1个;水泥钉若干;细绳4条		组织: 1. 全班按每小组4~6人分组进行,每组推选一名组长和一名副组长; 2. 组长总体负责本组人员的任务分工,要求组内各成员能互相配合、协调工作; 3. 副组长负责仪器的借领、归还和仪器的安全管理等事务
技术要求: 1. 竖向偏差≤$h/250$,且最大不超过15mm; 2. 屋架长度 l:$l≤30m$、$30m<l≤60m$、$l>60m$ 时,f 分别不应大于10mm、30mm和50mm			
组长:_____　　副组长:_____　　组员:_____			
			日期:_____年___月___日

三、制订计划(表8-21、表8-22)

任务分工表　　　　　　　　　　　　　表8-21

小组号		场地号	
组长		仪器借领与归还	
仪器号			
分　工　安　排			
观测点或观测第次	观测者	拉尺丈量者	记录者或计算者	屋架安装施工员

实施方案设计表	表 8-22
（请在下面空白处写出任务实施的简要方案，内容包括操作步骤、实施路线、技术要求和注意事项等）	

四、实施计划，并完成如下记录（表 8-23）

屋架垂直度校正手簿　　　　　表 8-23

日期：_____　天气：_____　仪器型号：_____　组号：_____
观测者：_____　拉尺者：_____　记录者或计算者：_____　施工员：_____

屋架垂直度校正方法		(1)平行线法；(2)吊线锤法；(3)全站仪坐标测量法			
屋架中心线与定位轴线关系					
屋架中心线与校正轴线关系					
校正轴线与定位轴线关系					
屋架(或中立柱)高度					
屋架长度					
观测次数	测点位置	左端点 $d_左$	右端点 $d_右$	上弦中点 $d_上$	下弦中点 $d_下$
第一人/次	校正前卡尺读数				
	校正后卡尺读数				
	垂直度($d_上 - d_下$)				
第二人/次	校正前卡尺读数				
	校正后卡尺读数				
	垂直度($d_上 - d_下$)				
第三人/次	校正前卡尺读数				
	校正后卡尺读数				
	垂直度($d_上 - d_下$)				
第四人/次	校正前卡尺读数				
	校正后卡尺读数				
	垂直度($d_上 - d_下$)				
第五人/次	校正前卡尺读数				
	校正后卡尺读数				
	垂直度($d_上 - d_下$)				
	侧向弯曲矢高 f				
注 1	卡尺读数：两端点及下弦卡尺读数为视线至屋架中心线的垂距，通过经纬仪视线定位，用三角板或钢圈尺取；上弦卡尺读数在望远镜中读出，或通过距离、方向差算出				
注 2	侧向弯曲矢高 f：当 $d_左 = d_右$，且 $d_上 = d_下$，但 $d_左 \neq d_上$ 时，表明屋架存在侧向弯曲，其矢高 $f = d_左 - d_上$				

五、自我评估与评定反馈

1. 学生自我评估（表8-24）

学生自我评估表　　　　　　　　　　　　　　　　　　　　表8-24

实训项目				
小组号		场地号	实训者	
序号	检查项目	比重分	要求	自我评定
1	安装前准备、屋架安装	15	操作动作规范,程序正确,并按时完成任务	
2	垂直度校正观测	20	操作动作规范,程序正确	
3	垂直度校正记录计算	20	记录规范、整洁,无涂改	
4	垂直度校正精度	15	各项均满足规定要求	
5	实训纪律	15	不在实训场地打闹,无事故发生	
6	团队合作	15	服从组长的任务分工安排,能配合小组其他成员工作	

实训反思：

小组评分：_____　　　　　　　　组长：_____

2. 教师评定反馈（表8-25）

教师评定反馈表　　　　　　　　　　　　　　　　　　　　表8-25

实训项目				
小组号		场地号	实训者	
序号	检查项目	比重分	要求	考核评定
1	安装前准备、屋架安装	20	操作动作规范,程序正确,并按时完成任务	
2	垂直度校正观测	20	操作动作规范,程序正确	
3	垂直度校正记录计算	10	记录规范、整洁,无涂改	
4	垂直度校正精度	10	各项均满足规定要求	
5	安全操作	30	无事故发生	
6	团队合作	10	小组各成员能相互配合,协调工作	

存在问题：

考核教师：_____　　　　　　　　　　　　_____年___月___日

自我测试

1. 试述柱子吊装前应做好哪些准备工作。
2. 试述柱子垂直度校正方法及注意事项。
3. 简述预埋地脚螺栓钢柱的安装测量方法。
4. 简述吊车梁吊装之前的准备工作。
5. 试述牛腿面高程检测方法。
6. 试述吊车梁中心线校正的方法与步骤。
7. 吊车梁安装的质量检测有哪些要求?
8. 请问吊车轨道检测有哪些项目?如何检测?
9. 简述屋架安装前的准备工作。
10. 屋架垂直度校正有哪些方法?

项目九　建筑物的变形监测

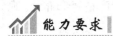

1. 知道建筑物变形监测的内容和基本要求。
2. 会进行建筑物的沉降观测。
3. 知道建筑物的倾斜观测方法和位移观测方法。

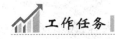

1. 建筑物沉降观测。
2. 建筑物倾斜观测。
3. 建筑物位移观测。

建筑物变形监测是指用专门的仪器和一定的方法手段对建(构)筑物位移、沉降、倾斜、挠度、裂缝等进行监测,并提供变形分析预报的过程。建筑物变形监测内容主要包含:位移观测、沉降观测、倾斜观测、挠度观测、裂缝观测等。变形监测得到数据是变形分析、预见性维护等的主要依据,也可为判断工程建筑物的安全性提供必要的信息。本项目主要介绍沉降观测方法。

与一般的测量工作相比,变形监测具有以下特点:精度要求高,需要重复观测,观测时间长,数据处理方法严密等。大型或重要工程建(构)筑物在工程设计时应对变形测量统筹安排,施工开始时即应进行变形监测。

变形测量点分为基准点、工作基点和变形观测点。基准点是确认固定不动的点,用于测定工作基点和变形观测点。工作基点是作为直接测定变形观测点的相对稳定的点,也称工作点。变形观测点是设置在变形体上的照准标志点,也称变形点、观测点。其布设应符合下列要求:

①基准点应选在变形影响区域之外稳固可靠的位置。每个工程至少应有3个基准点。

②工作基点应选在比较稳定且方便使用的位置。对通视条件较好或观测项目较少的小型工程,可不设立工作基点。

③变形观测点应设立在能反映监测体变形特征的位置。

变形监测的基本要求如下:

①重要工程建(构)筑物,在工程设计时,应对变形监测的内容和范围作出统筹安排,并由监测单位制订详细的监测方案。首次观测,宜获取监测体初始状态的观测数据。

②由基准点和部分工作基点构成的监测基准网,应每半年复测一次;当对变形监测成果产生怀疑时,应随时检核监测基准网。

③变形监测网应由部分基准点、工作基点和变形观测点构成。监测周期应根据监测体的变形特征、变形速度、观测精度和工程地质条件等因素综合确定。监测期间,应根据变形量的变化情况适当调整。

④各期的变形监测,应满足下列要求:在较短的时间内完成;采用相同的图形(观测路线)和观测方法;使用同一仪器和设备;观测人员相对固定;记录相关的环境因素,包括荷载、温度、降水、水位等;采用统一基准处理数据。

⑤变形监测作业前,应收集相关水文地质、岩土工程资料和设计图纸,并根据岩土工程地质条件、工程类型、工程规模、基础埋深、建筑结构和施工方法等因素,进行变形监测方案设计。方案设计应包括监测的目的、精度等级、监测方法、监测基准网的精度估算和布设、观测周期、项目预警值、使用的仪器设备等内容。

⑥每期观测前,应对所使用的仪器和设备进行检查、校正,并做好记录。

⑦每期观测结束后,应及时处理观测数据。当数据处理结果出现下列情况之一时,必须即时即刻通知建设单位和施工单位采取相应措施:变形量达到预警值或接近允许值,变形量出现异常变化,建(构)筑物的裂缝或地表的裂缝快速扩大。

⑧监测项目的变形分析,对于较大规模的或重要的项目,宜包括下列内容;较小规模的项目,至少应包括1~3项的内容:观测成果的可靠性;监测体的累计变形值和相邻观测周期的相对变形量分析;相关影响因素(荷载、气象和地质)的作用分析;回归分析;有限元分析。

⑨变形监测项目应根据工程需要提交下列有关资料:变形监测成果统计表;监测点位置分布图;建筑裂缝位置及观测点分布图;水平位移量曲线图;等沉降曲线图(或沉降曲线图);有关荷载、温度、水平位移量相关曲线图;荷载、时间、沉降相关曲线图;位移(水平或垂直)速率、时间、位移量曲线图;变形监测报告等。

我国《工程测量规范》(GB 50026—2007)规定的变形监测的等级划分及精度要求见表9-1。

变形监测的等级划分及精度要求(单位:mm)　　表9-1

等级	垂直位移监测		水平位移监测	适 用 范 围
	变形监测点的高程中误差	相邻变形监测点高差中误差	变形监测点的点位中误差	
一等	0.3	0.1	1.5	变形特别敏感的高层建筑、高耸构筑物、工业建筑、重要古建筑、大型坝体、精密工程设施、特大型桥梁、大型直立岩体、大型坝区地壳变形监测等
二等	0.5	0.3	3.0	变形比较敏感的高层建筑、高耸构筑物、工业建筑、古建筑、特大型和大型桥梁、大中型坝体、直立岩体、高边坡、重要工程设施、重大地下工程、危害性较大的滑坡监测等

续上表

等级	垂直位移监测		水平位移监测	适用范围
	变形监测点的高程中误差	相邻变形监测点高差中误差	变形监测点的点位中误差	
三等	1.0	0.5	6.0	一般性的高层建筑、多层建筑、工业建筑、高耸构筑物、直立岩体、高边坡、深基坑、一般地下工程、危害性一般的滑坡监测、大型桥梁等
四等	2.0	1.0	12.0	观测精度要求较低的建(构)筑物、普通滑坡监测、中小型桥梁等

注:1.变形监测点的高程中误差和点位中误差,是指相对于邻近基准点的中误差。
  2.特定方向的位移中误差,可取表中相应等级点位中误差的1/2作为限值。
  3.垂直位移监测,可根据需要按变形监测点的高程中误差或相邻变形监测点的高差中误差,确定监测精度等级。

任务1　建筑物沉降观测

一、资讯

1. 垂直位移监测基准网

垂直位移监测基准网应布设成环形网并采用水准测量方法观测。垂直位移监测基准网的主要技术要求,应符合表9-2的规定。

垂直位移监测基准网的主要技术要求(单位:mm)　　　　　　　表9-2

等级	相邻基准点高差中误差	每站高差中误差	往返较差或环线闭合差	检测已测高差较差
一等	0.3	0.07	$0.15\sqrt{n}$	$0.2\sqrt{n}$
二等	0.5	0.15	$0.30\sqrt{n}$	$0.4\sqrt{n}$
三等	1.0	0.30	$0.60\sqrt{n}$	$0.8\sqrt{n}$
四等	2.0	0.70	$1.40\sqrt{n}$	$2.0\sqrt{n}$

注:表中 n 为测站数。

(1)水准点的布设

建筑物沉降观测是依据建筑物附近的水准点进行的,所以这些水准点必须稳定牢固。水准点数目应不少于3个,以便相互校核。对水准点要定期进行检测,以保证沉降观测成果可靠准确。

布设水准点时应考虑下列因素:水准点应尽量与观测点接近,其距离20～100m为宜;水准点应在受振区域以外,以避免受到振动影响;水准点应距离公路、铁路、地下管道和滑坡至少5m;水准点应避免埋设在低洼易积水处及松软土地带;水准点的埋设深度至少要在冰冻线下0.5m,以避免受到冻胀影响。

在一般情况下,可以利用工程施工时使用的水准点,作为沉降观测的水准基点。如果施工场地的水准点离建筑物较远或条件不好,为了便于进行沉降观测和提高精度,可在建筑物附近另行埋设水准基点。

(2) 水准点的形式与埋设

沉降观测水准点的形式与埋设要求,一般与三、四等水准点相同,但也应根据现场的具体条件、沉降观测在时间上的要求等确定。

当观测急剧沉降的建(构)筑物时,若建造水准点已来不及,可在已有建筑或结构物上设置标志作为水准点。但必须证明这些建筑或结构物的沉降已经终止。在山区建设中,建筑物附近常有稳固基岩,可在岩石上凿一洞,用水泥砂浆直接将金属标志嵌固于岩石中。当场地为砂土或在其他不利情况下,应建造深埋水准点或专用水准点。

(3) 沉降观测水准点高程的测定

起始点高程,宜采用测区原有高程系统。较小规模的监测工程,可采用假定高程系统;较大规模的监测工程,宜与国家水准点联测。

(4) 观测点的布置和要求

观测点的位置和数量,应根据基础构造、荷载以及工程地质和水文地质的情况而定。建(构)筑物的主要墙角、沿外墙每10~15m处或每隔2~3根柱基上,房角、纵横墙连接处及沉降缝两旁、人工地基和天然地基接壤处、建(构)筑物不同结构分界处的两侧等均应设置观测点。烟囱、水塔、高炉、油罐、炼油塔等圆形构筑物,则应在其基础的对称轴线上布设观测点。当建(构)筑物出现裂缝时,观测点应布设在裂缝两侧。总之,观测点应设置在能表示出沉降特征的地点。

观测点合理布置,可以全面精确地查明沉降情况。这项工作应由设计单位或施工单位技术部门负责确定。如观测点的布置不便于测量时,观测人员应与设计人员协商,重新合理布置。所有观测点应以1:100~1:500的比例尺绘出在平面图上,并加以编号,以便于观测和记录。

对观测点的要求如下:观测点本身应牢固稳定,确保点位安全,能长期保存;高度以高于室内地坪(±0.00)0.2~0.5m为宜;观测点的上部必须为突出的半球形状或有明显的突出之处,与柱身或墙身保持一定的距离;要保证在点上能垂直置尺和有良好的通视条件。

(5) 民用建筑观测点的形式与埋设

一般民用建筑沉降观测点,大都设置在外墙勒脚处。观测点埋在墙内的部分应大于露出墙外部分的5~7倍,以便保持观测点的稳定性。一般常用的观测点有预制墙式观测点、燕尾形观测点和角钢埋设观测点。

图9-1所示为预制墙式观测点,是由混凝土预制而成,其大小做成普通黏土砖规格的1~3倍,中间嵌以角钢,角钢棱角向上,并在一端露出50mm。在砌砖墙勒脚时,将预制块砌入墙内,角钢露出端与墙面夹角为50°~60°。

图9-2所示为燕尾形观测点,是利用直径20mm的钢筋,一端弯成90°角,一端制成燕尾形埋入墙内。

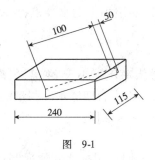

图 9-1

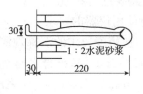

图 9-2

图9-3 所示为角钢埋设观测点,用长 120mm 的角钢,在一端焊一铆钉头,另一端埋入墙内,并以 1∶2 水泥砂浆填实。

(6)柱基础及柱身观测点

钢筋混凝土柱观测点的形式及设置方法如下:

如图9-4所示,用钢凿在柱子 ±0 高程以上 10～50cm 处凿洞(或在预制时留孔),将直径 20mm 以上的钢筋或铆钉制成弯钩形,平向插入洞内,再以 1∶2 水泥砂浆填实。

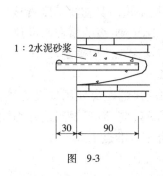

图 9-3

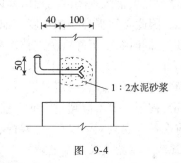

图 9-4

2.建筑物沉降观测方法和一般规定

(1)沉降观测次数

沉降观测的时间和次数,应根据工程性质、工程进度、地基土性质及基础荷载增加情况等确定。

在施工期间,较大荷载增加前后(如基础浇灌、回填土、安装柱子、房架、砖墙每砌筑一层楼、设备安装、设备运转、工业炉砌筑期间、烟囱每增加 15m 左右等)均应进行观测;如施工期间中途停工时间较长,应在停工时和复工前进行观测;当基础附近地面荷载突然增加,周围大量积水及暴雨后,或周围大量挖方等均应观测。

高层建筑施工期间的沉降观测周期,应每增加 1～2 层观测 1 次;建筑物封顶后,应每 3 个月观测 1 次,观测 1 年。如果最后两个观测周期的平均沉降速率均小于 0.02mm/d,可以认为整体趋于稳定,如果各点的沉降速率均小于 0.02mm/d,即可终止观测。否则,应继续每 3 个月观测 1 次,直至建筑物沉降趋于稳定。

工业厂房或多层民用建筑的沉降观测总次数,不应少于 5 次。竣工后的观测周期,可根据建(构)筑物的沉降稳定情况确定。

(2)沉降观测工作的要求

沉降观测是一项较长期的系统观测工作,为了保证观测成果的正确性,应尽可能做到四定：固定人员观测和整理成果；固定使用水准仪及水准尺；使用固定的水准点；按规定的日期、方法及路线进行观测。

(3) 对使用仪器的要求

对于一般精度要求的沉降观测，要求仪器的望远镜放大率不得小于24倍，气泡灵敏度不得大于15″/2mm（有符合水准器的可放宽1倍）。可以采用适合四等水准测量的水准仪；但精度要求较高的沉降观测，应采用相当于N_2或N_3级的精密水准仪。

(4) 确定沉降观测的路线并绘制观测路线图

对观测点较多的建（构）筑物进行沉降观测前，应深入现场，根据实际情况制订观测方案，确定仪器的安置，选定若干较稳定的沉降观测点或其他固定点作为临时水准点（转点），并与永久水准点组成环路。最后，应根据选定的临时水准点、仪器位置以及观测路线，绘制沉降观测路线图，以后每次都按固定的路线观测。采用这种方法进行沉降观测，可避免寻找设置仪器位置的麻烦，加快施测进度；并且由于路线固定，可提高测量精度。但应注意：必须在测定临时水准点高程的同一天内同时观测其他沉降观测点。

(5) 沉降观测点的首次高程测定

沉降观测点首次观测的高程值是以后每次观测用数据依据。其初测精度直接影响以后观测成果，因此必须提高初测精度。如有条件，最好采用N_2或N_3级的精密水准仪进行首次高程测定。同时每个沉降观测点首次高程，应在同期进行两次观测后确定。

(6) 作业中应遵守的规定

观测应在成像清晰、稳定时进行。仪器离前、后视水准尺的距离要用皮尺丈量，或用视距法测量，视距一般不应超过50m。前后视距应尽可能相等；前、后视观测最好用同一根水准尺；前视各点观测完毕以后，应回视后视点，最后应闭合于水准点上。

3. 沉降观测精度及成果整理

沉降观测的精度一般应符合下列规定：

①连续生产设备基础和动力设备基础、高层钢筋混凝土框架结构及地基土性质不均匀的重要建筑物，沉降观测点相对于后视点高差测定的允许偏差为±1mm（即仪器在每一测站观测完前视各点以后，再回视后视点，两次读数之差不得超过1mm）。

②一般厂房、基础和构筑物，沉降观测点相对于后视点高差测定的允许偏差为±2mm。

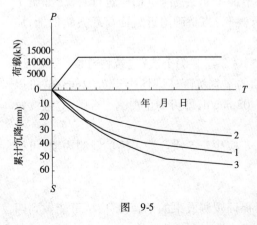

图 9-5

③每次观测结束后，要检查记录计算是否正确，精度是否合格，并进行误差分配；然后将观测高程列入沉降观测成果表中，计算相邻两次观测之间的沉降量，并注明观测日期和荷载情况。为了更清楚地表示沉降、时间、荷载之间的相互关系，还要画出每一观测点的时间与沉降量的关系曲线及时间与荷载的关系曲线，如图9-5所示。

时间与沉降量的关系曲线，以沉降量S为纵轴，时间T为横轴，根据每次观测日期和每次下沉量按比例画出各点，然后将各点连接起来，并在曲线的一端注明观测点号。

时间与荷载的关系曲线,以荷载的重量 P 为纵轴,时间 T 为横轴,根据每次观测日期和每次的荷载重量画出各点,然后将各点连接起来。

两种关系曲线合画在同一图上,以便能更清楚地表明每个观测点在一定时间内,所受到的荷载及沉降量。

二、下达工作任务(表9-3)

工作任务表　　　　　　　　　　表9-3

任务内容:建筑物的沉降观测			
小组号		场地号	
任务要求: 每组完成一栋建筑物的沉降观测	工具: 每组水准仪1台;水准尺2把、钢尺1把;记录板1个	组织: 1. 全班按每小组4~6人分组进行,每小组推选一名组长和一名副组长; 2. 组长总体负责本组人员的任务分工,要求组内各成员能相互配合,协调工作; 3. 副组长负责仪器的借领、归还和仪器的安全管理等事务	
技术要求: 沉降观测点相对于后视点高差测定的允许偏差为±2mm			
组长:_____　副组长:_____　组员:_____			
			日期:____年__月__日

三、制订计划(表9-4、表9-5)

任务分工表　　　　　　　　　　表9-4

小组号		场地号	
组长		仪器借领与归还	
仪器号			
分 工 安 排			
观测点号	沉降观测者	立尺者	记录者或计算者

实施方案设计表		表 9-5
（请在下面空白处写出任务实施的简要方案，内容包括操作步骤、实施路线、技术要求和注意事项等）		

四、实施计划，并完成如下记录（表 9-6）

| 建筑物沉降观测手簿 | | 表 9-6 |

仪器：_____ 组号：_____

工程名称			水准点编号	
水准点所在位置			水准点高程	
观测日期	自　　年　　月　　日至　　年　　月　　日			

观测点布置简图：

观测点编号	观测日期	荷载累加情况描述	实测高程 (m)	本期沉降量 (mm)	总沉降量 (mm)	仪器型号	仪器检定日期	施测人

观测点的时间与沉降量、时间与荷载的关系曲线图：

五、自我评估与评定反馈

1. 学生自我评估（表9-7）

学生自我评估表　　　　　　　　　　　　　　　　　　　　　　表9-7

实训项目				
小组号		场地号		实训者
序号	检查项目	比重分	要　求	自我评定
1	沉降观测	30	操作动作规范，程序正确，按要求按时完成实训	
2	观测误差	20	精度符合要求	
3	记录计算	20	记录规范、整洁，无涂改，计算正确	
4	实训纪律	15	不在实训场地打闹，无事故发生	
5	团队合作	15	服从组长的任务分工安排，能配合小组其他成员工作	

实训反思：

小组评分：_____　　　　　　　　　　　　　　　　组长：_____

2. 教师评定反馈（表9-8）

教师评定反馈表　　　　　　　　　　　　　　　　　　　　　　表9-8

实训项目				
小组号		场地号		实训者
序号	检查项目	比重分	要　求	考核评定
1	沉降观测	30	操作动作规范，操作程序正确，按要求按时完成实训	
2	记录计算	20	记录规范、整洁，无涂改，计算正确	
3	观测成果	20	精度符合要求，成果完整	
4	安全操作	15	无事故发生	
5	团队合作	15	小组各成员能相互配合，协调工作	

存在问题：

考核教师：_____　　　　　　　　　　　　　　____年___月___日

任务2　建筑物倾斜观测

一、资讯

变形观测中的倾斜观测主要针对高耸建构筑物主体进行，如高层建筑、水塔、烟囱等。通过测定顶部观测点相对底部观测点的偏移量及相对高度，计算出倾斜度与倾斜方向。倾斜度是指最大水平偏移值与相对高度的比值；倾斜方向是指最大水平偏移方向与建筑物轴线或正北方向的夹角。倾斜观测常用方法介绍如下。

1. 测角仪器垂直投影法

如图 9-6 所示测角仪器垂直投影法：墙 $\Pi1$、$\Pi2$ 正交，C、C' 为顶部和下部墙角点，$C_{投}$ 为顶部 C 点的垂直投影，A、B 为置仪点。

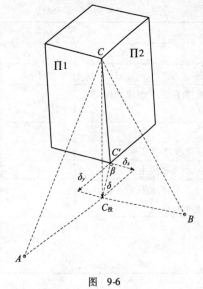

图 9-6

在墙 $\Pi2$ 地脚线的延长线上置测角仪器，如 A 点，精确照准顶部 C 点，水平制动，松垂直制动，瞄准紧贴在墙 $\Pi1$ 上的水平直尺，读取纵丝处直尺刻划值 n，注意此直尺应将整分米刻划 N 与下部 C' 对齐，则此视准轴垂线方向上的水平偏移量 $\delta_x = n - N$，通常外偏为正；同理得 δ_y。另外由卷尺或三角高程测得 CC' 相对高差 ΔH。则有如下三式：

最大倾斜量

$$\delta = \sqrt{\delta_x^2 + \delta_y^2} \tag{9-1}$$

倾斜度

$$i = \frac{\delta}{\Delta H} \tag{9-2}$$

在墙 $\Pi1$ 地脚线为主轴的局部坐标系中，最大倾斜方向的主值

$$\beta = \arctan\frac{\delta_y}{\delta_x} \tag{9-3}$$

2. 全站仪坐标测量法

（1）多边形建筑物

①直接测角点三维坐标法

参照图 9-6，置全站仪于 A 点，瞄准 C 点后，配盘 270°，置仪于 B 点则配盘 180°，如此配盘是顾及"外偏为正"。在免棱镜模式或反射片模式下，测出 C、C' 的三维坐标 (X_C, Y_C, Z_C) 和 $(X_{C'}, Y_{C'}, Z_{C'})$，则有如下三式：

最大倾斜量

$$\delta = \sqrt{(X_C - X_{C'})^2 + (Y_C - Y_{C'})^2} \tag{9-4}$$

倾斜度

$$i = \frac{\delta}{\Delta H} = \frac{\delta}{Z_C - Z_{C'}} \tag{9-5}$$

局部坐标系中，最大倾斜方向的主值

$$\beta = \arctan\frac{Y_C - Y_{C'}}{X_C - X_{C'}} \tag{9-6}$$

②直线拟合交会法

免棱镜模式测量墙拐角坐标精度不高，可采用直线拟合交会法提高监测精度。

参照直接测角点三维坐标法置仪与配盘。首先在 A 测站，测出墙 $\Pi1$ 上且与 C 点临近的多个同高点，拟合出墙 $\Pi1$ 顶部外墙直线 l_1；然后测量和拟合出墙 $\Pi1$ 下部外墙直线 l_1'；接着支站至 B 点，A 点定向后，测量和拟合出墙 $\Pi2$ 上部、下部外墙直线 l_2 和 l_2'；l_1 与 l_2、l_1' 与 l_2' 两两求交，得墙角点 C、C' 平面坐标，进而求出倾斜量和倾斜方向。

（2）圆形建筑物

①曲线拟合法

基于监测网和全站仪免棱镜功能,采集构筑物顶部圆(基部圆)的筒壁三维坐标,同高碎部点要求不少于 3 个。利用同高点拟合圆方程,解得筒心平面坐标,再由上下两筒心坐标差,求得最大倾斜量、倾斜方向和倾斜率。此法成果可靠,精度较高。

②圆柱偏心测量法

基于监测网和全站仪圆柱偏心测量功能,直接测得上、下筒心三维坐标,据之推出最大倾斜量、倾斜方向和倾斜率。

3. 角度前方交会法

如图 9-7 所示圆形建筑角度前方交会法:A、B 是监测网的工作基准,$O_上$、$O_下$ 为圆形建筑顶部圆、基部圆圆心。上$_左$、上$_右$、下$_左$、下$_右$ 为筒壁切点。其倾斜观测可用角度前方交会法。

置测角仪器于 A,按 B-下$_左$-下$_右$-上$_右$-上$_左$-B 顺序,全圆方向观测得各方向值,顾及 $AO_上$、$AO_下$ 为对应角平分线,推得水平角 $BAO_上$ 和 $BAO_下$。同理得水平角 $ABO_上$ 和 $ABO_下$。观测过程中注意下$_左$ 与下$_右$,上$_右$ 与上$_左$ 需同高。

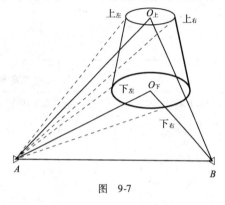

图 9-7

根据角度前方交会原理,内业解得上、下筒心平面坐标,据之推出最大倾斜量、倾斜方向。已知相对高度时可进一步求得倾斜率。另外有中心标志的塔,可直接瞄塔尖观测。

4. 垂直基准线法

早年,工匠常采用锤球检查墙体是否铅垂。

目前,测量员常基于建筑物竖向通道,用垂准仪建立垂直基准线,丈量上、下同名特征点相对于基准线的纵、横坐标,再由坐标差推出最大倾斜量和倾斜方向。

5. 基础差异沉降法

基础差异沉降法也是建筑物倾斜观测的一种重要方法。根据一对沉降观测点的沉降差和间距,可得基础在该方向上的倾斜角(相对初期状态),同理得到正交方向倾斜角,由此可推出基础最大倾斜角及倾斜方向,顾及刚体特性,可知监测体顶部倾斜情况。

二、下达工作任务(表9-9)

工 作 任 务 表　　　　　　　　表 9-9

任务内容:建筑物倾斜观测			
小组号		场地号	
任务要求: 1. 会根据建筑物实情,合理选用仪器与方法,实施倾斜观测。 2. 通常要求每人独立测一组	工具: 经纬仪或全站仪 1 套;直尺 1 把;记录板 1 个	组织: 1. 全班按每小组 4~6 人分组进行,每小组推选一名组长; 2. 组长负责本组人员的任务分工,要求组内各成员能相互配合,协调工作。 3. 副组长负责仪器的借领、归还和仪器的安全管理等事务	
技术要求: 　监测点点位中误差为 ±3mm			
组长:_____	副组长:_____	组员:_____	___年___月___日

三、制订计划(表9-10、表9-11)

任务分工表　　　　　　　　　　　表9-10

小组号			场地号	
组长			仪器借领与归还	
仪器号				
分 工 安 排				
序号	建筑物名称	监测点	观测者	记录者或计算者	立尺者

实施方案设计(　　　　观测法)表　　　　　表9-11

(请在下面空白处写出任务实施的简要方案,内容包括操作步骤、实施路线、技术要求和注意事项等)

四、实施计划,并完成如下记录(表9-12)

建筑物倾斜观测手簿　　　　　　表9-12
(测角仪器垂直投影法)

日期:_____ 天气:_____ 仪器型号:_____ 组号:_____
观测者:_____ 记录者:_____ 立尺者:_____

测站名	建筑物	监测点	局部坐标主轴方向	δ_x (mm)	δ_y (mm)	局部坐标倾斜方向	统一坐标倾斜方向	最大倾斜量 δ (mm)	相对高度 (m)	倾斜率 (%)

五、自我评估与评定反馈

1. 学生自我评估（表9-13）

学生自我评估表　　　　　　　　　　　　　　　　　表9-13

实训项目				
小组号		场地号		实训者
序号	检查项目	比重分	要求	自我评定
1	任务完成情况	30	按要求按时完成实训任务	
2	监测精度	20	监测成果符合限差要求	
3	实训记录	20	记录规范、完整	
4	实训纪律	15	不在实训场地打闹，无事故发生	
5	团队合作	15	服从组长安排，能配合其他组员工作	
实训反思：				
小组评分：＿＿＿＿＿＿＿＿＿			组长：＿＿＿＿＿＿＿＿＿	

2. 教师评定反馈（表9-14）

教师评定反馈表　　　　　　　　　　　　　　　　　表9-14

实训项目				
小组号		场地号		实训者
序号	检查项目	比重分	要求	考核评定
1	监测程序	20	操作动作规范，程序正确	
2	监测用时	20	按时完成实训	
3	安全操作	10	无事故发生	
4	实训记录	10	记录规范，无涂改	
5	监测成果	30	成果正确，且符合限差要求	
6	团队合作	10	小组各成员能相互配合，协调工作	
存在问题：				
考核教师：＿＿＿＿＿＿＿＿＿＿＿＿			＿＿＿＿年＿＿月＿＿日	

任务3　建筑物位移观测

一、资讯

变形观测中的位移观测是指建构筑物的整体水平位移，或上部相对于下部的位移。其产生原因主要有地质滑坡、深基坑施工，横向外力、气温变化、水压变化等。水平位移观测常用方法介绍如下。

1. 基准线法

基准线法是水平位移观测基本方法。根据使用仪器不同，可分为视准线法、激光准直法和引张线法。其中视准线法最为常见，根据观测方法不同又可细分为测小角法、活动觇牌法和测交角法；而激光准直法与引张线法偶见于大中型水工构筑物。

（1）测小角法

如图9-8所示测小角法测水平位移：基于建（构）筑物变形观测基准网，在监测点 P_i 所在直线延长线上，建稳定的工作基准 A 和 B，必要时另设校核点。P_i 为监测点，d_i 为监测点至基准线的垂距，垂足为 D。置测角仪器于 A，以 B 为置零方向，精确测出 BAP_i 组成的水平夹角 β_i，并规范至小角，同时测出 AP_i 间概略距离 S_{AP_i}。

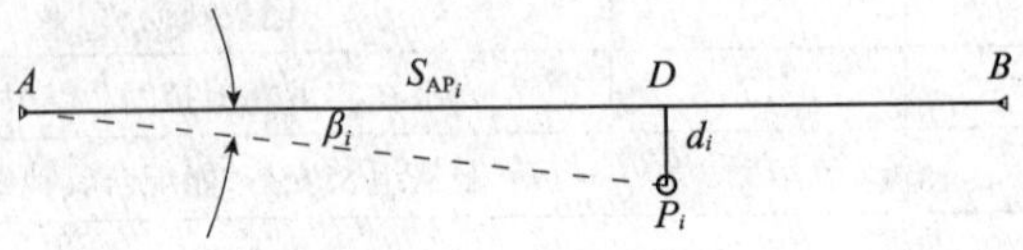

图 9-8

则水平位移值为：

$$d_i = S_{AP_i} \times \tan\beta_i = S_{AP_i} \times \sin\beta_i = \frac{S_{AP_i} \times \beta_i}{\rho''} \tag{9-7}$$

位移方向：β_i 为正时右偏，β_i 为负时（规范前近360°）左偏。

（2）活动觇牌法

活动觇牌法类同于测小角法，但需在 P_i 点上安置活动觇牌（图9-9），并对活动觇牌进行零位差测定。参照测小角法，置测角仪器于 A，精确照准 B 点并水平制动，松垂直制动，调焦使活动觇牌像清晰，指挥组员缓慢转动测微器，使觇牌中心精确落在望远镜纵丝上，再由测微器直接读出偏移量。

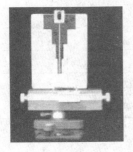

图 9-9

（3）测交角法

如图9-10所示测交角法测水平位移：参照测小角法埋设工作基准 A 和 B。P_i 为监测点，d_i 为监测点至基准线的垂距。现置测角仪器于 P_i，以 A 为置零方向，精确测出 AP_iB 组成的水平夹角 γ_i，同时测出 P_i 至 A、B 的概略距离 S_{AP_i} 和 S_{BP_i}。顾及三角形 AP_iB 面积公式及直伸特性，可得如下等式：

$$\frac{(S_{AP_i} + S_{BP_i}) \times d_i}{2} = \frac{S_{AP_i} \times S_{BP_i} \times \sin\gamma_i}{2} \tag{9-8}$$

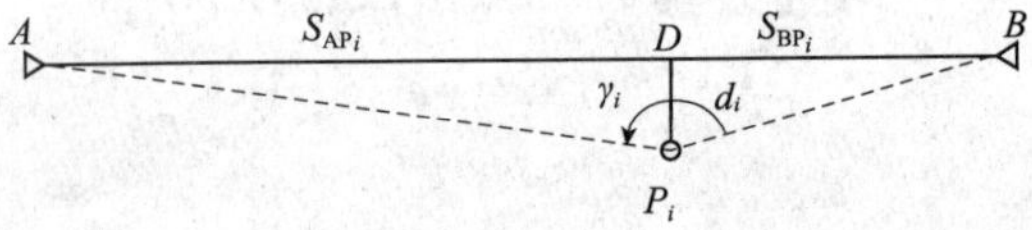

图 9-10

由此可推出水平位移值：

$$d_i = \frac{S_{AP_i} \times S_{BP_i} \times \sin\gamma_i}{S_{AP_i} + S_{BP_i}} \tag{9-9}$$

位移方向:交角 $\gamma_i < 180°$ 时右偏,$\gamma_i > 180°$ 时左偏。

本法在工作基准上不设站,故遇布点困难地段,可将基准线端点设在墙面上。

2. 全站仪极坐标测量法

随着高精度(测角精度 $0.5'' \sim 1''$;测距精度 $\pm(1\text{mm} + 1 \times 10^{-6} \cdot D)$、伺服型全站仪的出现,极坐标测量成为水平位移监测一种快捷方法。

大坝、危岩等建议采用伺服型全站仪自动观测;而一般建筑工地可选用非伺服型,如桩位检测,但宜采用双测站观测法提高可靠性。垂直角较大时,宜采用导线形式观测计算。

3. 交会法

用交会法进行水平位移观测,宜采用三点交会法提高可靠性。角度前方交会的交会角宜在 $60° \sim 120°$ 之间;距离前方交会的交会角宜在 $30° \sim 150°$ 之间;基于全站仪自带程序,自由设站法(后方交会)亦被广泛使用。

4. 卫星定位法

地壳运动、大区域地表变形、高大建筑、大型桥梁变形等,可基于卫星(GPS)定位技术建立变形监测网,实现远程、全天候、实时、自动化监测。

5. 测斜仪法

测斜仪常用于监测基坑壁或滑坡的深层土体水平位移。

如图 9-11 所示测斜仪工作原理:在基坑围护结构桩内或其外侧土体内,预埋不浅于围护结构深度的垂直测斜管,并使之与土体或结构固结为一整体。注意导向槽应于基坑壁正交。

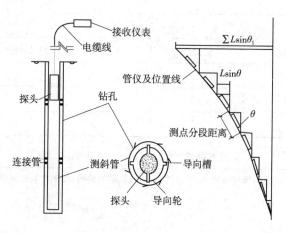

图 9-11

观测时,将测头(探头)导入至管底(水平位移基准点),缓慢提升,沿导槽全长每隔 500mm(轮距)测读 1 次,出地面后将测头旋转 180°重测 1 次,依此作为一测回。初始值应测 4 测回,而后每周期宜测 2 测回。注意各次观测位置(深度)应一致。

测斜仪基于伺服加速度等工作原理,测得导向轮及其正交平面两个方向的倾斜度,顾及深度变化,求得各测点相对于管底的水平位移值,进而可画出位移曲线图。

二、下达工作任务(表9-15)

工 作 任 务 表　　　　　　　　　表9-15

任务内容:建筑物位移观测		
小组号		场地号
任务要求: 1.会根据监测对象实情,合理选用仪器与方法,实施水平位移观测; 2.要求每人独立测1个变形监测点	工具: 经纬仪或全站仪1套;钢尺1把;记录板1块	组织: 1.全班按每小组4~6人分组进行,每小组推选一名组长 2.组长负责本组人员的任务分工,要求组内各成员能相互配合、协调工作 3.副组长负责仪器的借领、归还和仪器的安全管理等事务
技术要求: 监测点点位中误差为±3mm		
组长:_____ 副组长:_____ 组员:_____ ___年___月___日		

三、制订计划(表9-16、表9-17)

任 务 分 工 表　　　　　　　　　表9-16

小组号		场地号		
组长		仪器借领与归还		
仪器号				
分　工　安　排				
序号	建筑物名称	监测点	观测者	记录者或计算者	立尺者

实施方案设计(　　　　观测法)表　　　　　　　　　表9-17

(请在下面空白处写出任务实施的简要方案,内容包括操作步骤、实施路线、技术要求和注意事项等)

四、实施计划,并完成如下记录(表9-18)

建筑物水平位移观测手簿　　　　表9-18

日期:_____　天气:_____　仪器型号:_____　组号:_____

观测者:_____　记录者:_____　立尺者:_____

观测方法	测站	盘位	目标	水平度盘读数 (° ′ ″)	半测回角 (° ′ ″)	一测回角 (° ′ ″)	距离 (m)	水平位移量 及方向
测小角法		左			规范后小角值:			
		右						
		左			规范后小角值:			
		右						
测交角法		左						
		右						
		左						
		右						

五、自我评估与评定反馈

1. 学生自我评估(表9-19)

学生自我评估表　　　　表9-19

实训项目					
小组号		场地号		实训者	
序号	检查项目	比重分	要　求		自我评定
1	任务完成情况	30	按要求按时完成实训任务		
2	监测精度	20	监测成果符合限差要求		
3	实训记录	20	记录规范、完整		
4	实训纪律	15	不在实训场地打闹,无事故发生		
5	团队合作	15	服从组长安排,能配合其他组员工作		
实训反思:					

小组评分:_____　　　　　　　　　　　　组长:_____

2. 教师评定反馈(表9-20)

教师评定反馈表　　　　　　　　　　表9-20

实训项目					
小组号		场地号		实训者	
序号	检查项目	比重分	要　　求		考核评定
1	监测程序	20	操作动作规范,程序正确		
2	监测用时	20	按时完成实训		
3	安全操作	10	无事故发生		
4	实训记录	10	记录规范,无涂改		
5	监测成果	30	成果正确,且符合限差要求		
6	团队合作	10	小组各成员能相互配合,协调工作		

存在问题:

考核教师:_____　　　　　　　　　　　_____年____月____日

自我测试

1. 建筑物变形监测的内容有哪些?
2. 简述建筑物变形监测的基本要求。
3. 简述建筑物沉降观测的方法和要求。
4. 简述建筑物倾斜观测常用方法。
5. 某矩形建筑物东北角点倾斜观测采用测角仪器垂直投影法,以东边山墙且指向北侧为主轴建立局部坐标系,该主轴在城市坐标系中方位角352°。现测得δ_x、δ_y分别为30mm和-40mm,另由卷尺丈量得上下监测点间高差18m。

试求东北角点最大倾斜量、倾斜方向和倾斜率。

6. 基于某建筑物变形观测的监测网,免棱镜全站仪实测其东南角点的三维坐标:

顶部坐标为(50006.123,90009.234,100.345),底部坐标为(50006.108,90009.198,74.345)。试求东南角点最大倾斜量、倾斜方向和倾斜率。

7. 简述建筑物水平位移观测常用方法。
8. 某建筑基坑侧向位移采用视准线法监测,西侧冠梁顶部有多个监测点J_i,其延长线两端建工作基准,北端为A,南端为B,监测点J_2至工作基准的距离$S_{AJ_2}=25m$、$S_{BJ_2}=50m$。现置仪于A,B点置零,实测水平角BAJ_2为359°56′34″(规范后小角为-0°03′26″)。

(1)试求J_2点水平位移量及位移方向。

(2)同个项目,若置仪于J_2点,以A为置零方向,实测交角AJ_2B为180°05′08″,试求J_2点水平位移量及位移方向。

项目十 卫星定位测量

1. 知道卫星定位测量(GPS)原理。
2. 会使用普通 GPS-RTK 技术进行点位测设和点位放样。

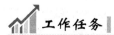

GPS-RTK 点位测量和放样。

任务 GPS-RTK 点位测量和放样

一、资讯

1. GPS 概述

全球导航卫星系统(Global Navigation Satellite System,英文缩写 GNSS)是所有全球导航卫星系统及其增强系统的集合名词,它是利用全球的所有导航卫星所建立的覆盖全球的全天候无线电导航系统。目前正在运行的全球卫星导航系统有美国的全球卫星定位系统(Global Positioning System,英文缩写 GPS)和俄罗斯的全球卫星导航系统(Global Orbiting Navigation Satellite System,英文缩写 GLONASS),正在发展研究的有欧盟的伽利略定位系统(GALILEO),我国也建立了北斗卫星导航系统(BDS)。本项目主要介绍美国的全球卫星定位系统(GPS)。

GPS 是美国国防部研制的一种卫星导航定位系统,于 1973 年开始研制,1994 年建成(发射完第 24 颗卫星)。GPS 具有全球、全天候、连续实时的精密三维导航和定位能力,有着广泛的应用价值和发展潜力。利用这种卫星支持的无线电导航和定位系统,能独立、快速地确定地球表面空间任意点的点位,其相对定位精度较高,在大地测量领域主要用于控制测量,目前已推广应用于细部测量(如地形测量和工程放样)。

GPS 系统包括 3 大部分:空间部分(GPS 卫星星座)、地面控制部分(地面监控系统)和用户设备部分(GPS 信号接收机)。

GPS 空间部分由 21 +3 颗(备用 3 颗)卫星组成,分布在 6 个卫星轨道面上,卫星高度为 20200km,轨道倾角为 55°,卫星运行周期为 11h 58min。每颗卫星可覆盖全球 38% 的面积，每个轨道面有 4 颗卫星，按等间隔分布，可保证在地球上任何地点、任何时间、在高度角大于 15°以上的天空同时能观测到 4 颗以上卫星。地面控制部分由 1 个主控站、5 个监测站、3 个注入站及通信、辅助系统组成。GPS 接收机主要由主机、天线、电源及数据处理软件等组成。

GPS 定位技术的基本原理是用 GPS 卫星接收机接收 4 颗（或 4 颗以上）GPS 卫星在运行轨道上发出的信号，以测定地面点至这几颗卫星的空间距离，由于卫星的空间瞬时位置可知，按距离交会原理可以求得地面点的空间位置。

GPS 所用的坐标系统是 World Geodetic System 1984 坐标系，简称 WGS-84 坐标系。由于 WGS-84 坐标系与我国常用的坐标系的各项参数及定义不同，因此，要将 GPS 测得的 WGS-84 坐标系测量成果转换成我国常用的北京坐标系、国家大地坐标系或者地方坐标系。

与传统的陆上测量技术相比，GPS 具有许多优势。传统大地测量技术依赖于测站点至目标点的通视情况，如果视线方向有障碍物，则必须绕道测量。一般来说传统方式的距离测量被限制 5km 左右，气候因素限制着传统测量的运作（如雾、雨等）。而 GPS 不受气候条件的限制，能实现全天候测量运作，无须通视要求，可进行高精度大地测量。GPS 的缺点是不能适用于所有测量环境，如在隐蔽地区、两旁有高楼的街道、室内的建筑工程或地下工程等。但 GPS 是现代高科技的产物，尤其是 GPS-RTK 技术的应用，目前已推广至地形测量和工程放样，应用前景广阔。

（1）GPS 定位方法分类

根据测距原理的不同，GPS 定位方式可以分为：伪距定位、载波相位测量定位和 GPS 差分定位。根据参考点的不同位置可分为：绝对定位和相对定位。根据待定点位的运动状态可以分为：静态定位和动态定位。静态定位、动态定位与绝对定位和相对定位结合方式不同，可产生不同的定位模式。

绝对定位又称单点定位，是确定观测点在 WGS-84 系中的坐标，即绝对位置。相对定位又称差分定位，是确定观测点在国家或地方独立坐标系中的坐标，即相对位置。

静态定位是将多台 GPS 接收机安置在不同的测站上连续地同步观测相同的卫星，接收机的天线始终处于静止状态，观测时间从几分钟、几小时甚至到数十小时不等，以获取充分的多余观测数据。测后，通过数据处理，求得本测站的坐标或两两测站间的坐标差。静态定位一般用于高精度的测量定位，而且观测时间越长，多余观测数越多，定位的精度相对提高。

动态定位是在 GPS 定位时，将一台接收机固定在已知点上作为基准站连续观测可见卫星，另一台接收机在运动过程中实时定位。

（2）GPS 测量的作业模式

常规的 GPS 测量常用的作业模式有静态定位模式、快速静态定位模式、准动态定位模式和动态定位模式。不管是哪种作业模式，常规的 GPS 测量都需要事后进行解算才能获得厘米级的精度。

RTK（Real Time Kinematic）技术是 GPS 实时载波相位差分的简称。RTK 测量是一种能够在野外实时得到厘米级定位精度的测量方法，它采用了载波相位动态实时差分方法，是 GPS 应用的重大里程碑。RTK 的出现为工程放样、地形测图等测量工作带来了新曙光，极大地提高了外业作业效率。本任务主要介绍 GPS-RTK 测量技术。

2. GPS-RTK 定位技术的实施

GPS-RTK 是实时动态测量中精度最高的方法。RTK 的工作原理是将一台接收机置于基准站上,另一台或几台接收机置于载体(称为流动站)上,基准站和流动站同时接收同一时间、同一 GPS 卫星发射的信号,基准站所获得的观测值与已知位置信息进行比较,得到 GPS 差分改正值,然后将这个改正值通过无线电数据链电台及时传递给流动站,流动站处理自己采集的载波相位差分观测值和接收到的改正数,高精度地计算出其相对位置。RTK 的平面精度高达 10mm,其高程精度高达 15mm。

GPS-RTK 技术分为传统 RTK 和网络 RTK 两种定位技术。

(1) 传统 RTK 定位技术

传统 RTK 定位技术要求现场有地方坐标系的至少 3 个已知点,硬件条件为 GPS 机至少 1+1,即一台作为主机架设在其中一个已知点上(也可以不架设在已知点上)作为基准站,另一台主机作为流动站与基准站建立连接,按作业流程实施任务。最多可以拥有 11 个流动站。

下面以 TOPCON HiPer Ⅱ G 导航卫星系统为例简要介绍使用 RTK 进行点位测量和放样的流程。

①新建作业:点击图 10-1 所示用户手簿界面【作业】菜单,然后点击生成界面中的【新建】,进入新作业界面,在该界面中可以输入新作业名称、生成者、注释等信息。

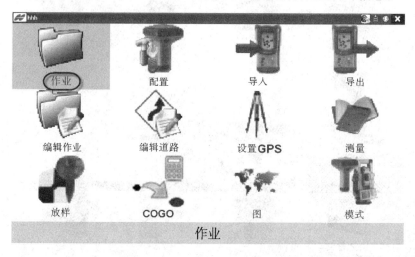

图 10-1

②新建配置集:点击图 10-2 所示用户手簿界面【配置】菜单,然后生成图 10-3 所示界面,点击 10-3 界面中的【测量】,进入配置集相关参数设置界面,可以根据界面中命令提示,分别设置配置集名称及其类型、接收机制造商、基准站接收机、基准站电台及其参数、流动站接收机、流动站电台及其参数、测量参数、放样参数等信息。

③设置基准站:新建配置集相关参数设置完成后,返回图 10-4 所示界面,点击界面中的【模式】菜单,根据界面中命令提示,完成蓝牙连接设置。返回图 10-5 所示界面,点击【设置 GPS】菜单,进入如图 10-6 所示界面,点击【设置基准站】菜单,然后根据界面中命令提示,分别设置接收机的点名、天线参数、WGS-84 坐标系参数、电台参数。

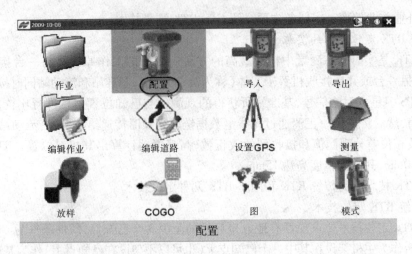

图 10-2

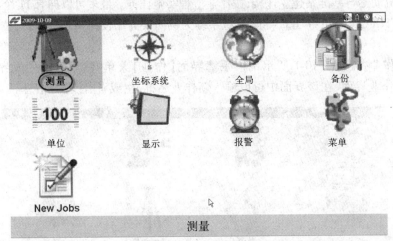

图 10-3

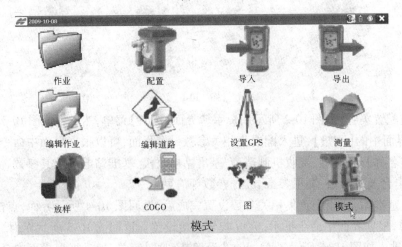

图 10-4

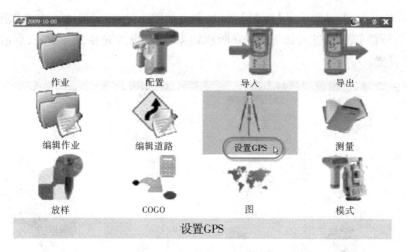

图 10-5

图 10-6

④设置流动站：基准站设置完成后，进入如图10-7所示界面，点击界面中的【蓝牙】，断开蓝牙与基准站的连接，把蓝牙连接到流动站。蓝牙设置完成后，点击【确定】返回如

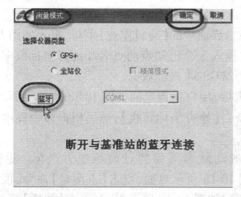
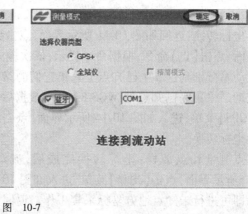

图 10-7

图10-8所示界面,点击界面中的【测量】菜单,进入如图10-9所示界面。点击如图10-9所示界面中的【点测量】菜单,进入如图10-10所示相关界面,设置完相关参数后,点击【开始】,即完成流动站设置。

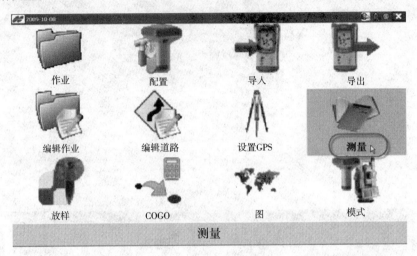

图 10-8

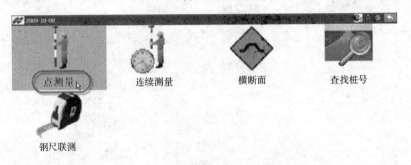

图 10-9

⑤坐标转换:返回如图10-11所示界面,点击界面中的【编辑作业】菜单,进入如图10-12所示界面,点击【点】命令,根据命令提示,依次输入3个已知点的点名和地方坐标数据。然后让流动站分别到这3个已知点上采集它们的WGS-84坐标数据。

流动站采集完已知点的WGS-84坐标数据后,用户手簿返回如图10-13所示界面,点击【设置GPS】菜单,进入如图10-14所示界面,点击【地方坐标转换】,然后根据命令提示进行点校正坐标转换。

⑥点测量和点放样:坐标转换完成后,流动站再采集的点就是地方坐标。返回如图10-15所示界面,点击【测量】菜单,进入如图10-16所示界面,点击【点测量】命令,根据命令提示即可进行未知点地方坐标采集工作。返回如图10-17所示界面,点击【放样】菜单,进入如图10-18所示界面,点击【点】命令,根据命令提示即可进行点位放样工作。

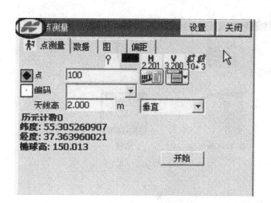
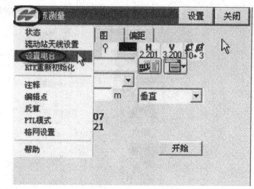

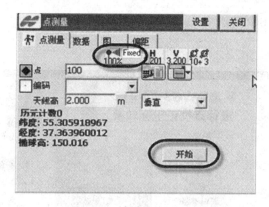

图 10-10

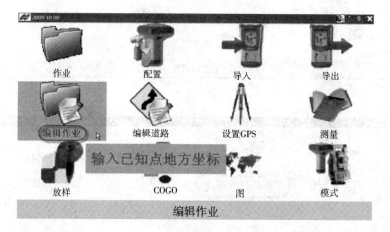

图 10-11

RTK 的主要功能还有距离测量、方位角计算、面积计算、导线计算、线偏距计算等。

(2) 网络 RTK 定位技术

网络 RTK 定位技术实际上是一种多基站技术,它在处理上利用了多个参考站的联合数据。该系统不仅仅是 GPS 产品,而是集 Internet 技术、无线通信技术、计算机网络管理和 GPS 定位技术于一身的系统。

网络 RTK 定位技术需加入当地的 CORS(连续运行参考站)系统,利用当地测绘管理部

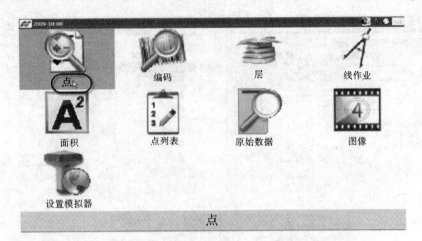

图 10-12

图 10-13

图 10-14

项目十 卫星定位测量

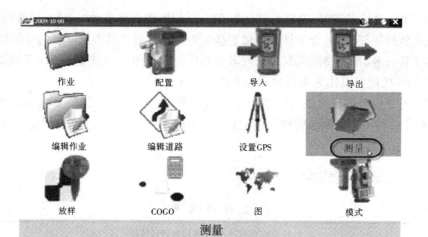

图 10-15

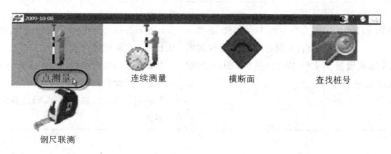

图 10-16

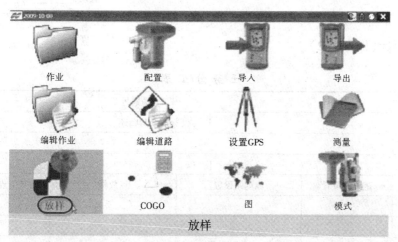

图 10-17

门建立的CORS系统基准站,这样只需要拥有一台GPS机作为流动站,就可以进行点位数据采集和点位放样等任务;适合于城市周边能接收到CORS系统基准站电台信号的情况下。

大型工程任务、作业持续时间较长或者有条件的学校也可以建立CORS系统基准站,这样单台的GPS机就可以作为流动站开展工作。

如果拥有3台配件齐全的GPS机(包括主机、基座、连接杆、三脚架、数据线、静态定位程序光盘、手簿),利用当地测绘管理部门建立的CROS系统基准站,即可以开展静态定位测量(控制测量)。

二、下达工作任务(表10-1)

工作任务表　　　　　　　　　　　　　　　　表10-1

任务内容:GPS-RTK点位测量和放样			
小组号		场地号	
任务要求: 1. 认清GPS-RTK的各个组成部件; 2. 会进行GPS参数设置,会操作GPS流动站进行点测量	工具: 　GPS主机1台、GPS流动站1台;小钢卷尺1把、坐标数据1份、操作流程本1份;三脚架1个		组织: 1. 全班按每小组4~6人分组进行,每小组推选一名组长和一名副组长; 2. 组长总体负责本组人员的任务分工,要求组内各成员能相互配合、协调工作; 3. 副组长负责仪器的借领、归还和仪器的安全管理等事务
技术要求: 1. 仪器应安置于地势开阔地带,仪器安置符合规范; 2. 按流程先设置基准站,再设置流动站; 3. 若使用现有坐标系,现场应有3个地方坐标系的已知点,点位放样误差为±2cm			
组长:　　　　副组长:　　　　组员:			
日期:____年__月__日			

三、制订计划(表10-2)

任务分工表　　　　　　　　　　　　　　　　表10-2

小组号		场地号		
组长		仪器借领与归还		
仪器号				
分　工　安　排				
序号	基准站设置	流动站设置	点放样	点测量

项目十 ◂ 卫星定位测量

四、实施计划,并完成如下记录

1. 认识 TOPCON HiPer ⅡG 主机面板,并讨论以下部件(图 10-18)的用途(表 10-3)

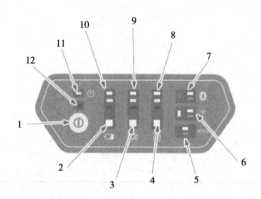

图 10-18

TOPCON HiPer ⅡG 主机面板　　　　　　　　　　　　表 10-3

序号	部件	图示中的编号	用　　途
1	电源开关		
2	电池状态		
3	定位状态		
4	文件状态		
5	串口状态		
6	电台状态		
7	蓝牙状态		
8	内存容量状态条		
9	卫星跟踪状态条		
10	电源状态条		
11	定时状态		
12	接收机健康状态		

2. 讨论以下几个动作的先后次序,用阿拉伯数字在括号内注明
(   )设置基准站。
(   )点测量(点放样)。
(   )坐标转换。
(   )设置流动站,得到固定解。
(   )新建配置集。
(   )新建作业。

3. 点位测量和放样方案设计(表10-4)

点位测量和放样方案设计表　　　　　　　　　　　　　　　　　　表10-4

(请在下面空白处写出任务实施的简要方案,内容包括操作步骤、实施路线、技术要求和注意事项等)

五、自我评估与评定反馈

1. 学生自我评估(表10-5)

学生自我评估表　　　　　　　　　　　　　　　　　　　　　　　表10-5

实训项目				
小组号		场地号		实训者
序号	检查项目	比重分	要　求	自我评定
1	任务完成情况	40	按要求按时完成实训任务	
2	实训记录	20	记录规范、完整	
3	实训纪律	20	不在实训场地打闹,无事故发生	
4	团队合作	20	服从组长的任务分工安排,能配合小组其他成员工作	

实训反思:

小组评分:_____　　　　　　　组长:_____

2. 教师评定反馈(表10-6)

教师评定反馈表　　　　　　　　　　　　　　　　　　　　表10-6

实训项目				
小组号		场地号		实训者
序号	检查项目	比重分	要　求	考核评定
1	操作程序	20	操作动作规范,操作程序正确	
2	操作速度	20	按时完成实训	
3	安全操作	10	无事故发生	
4	数据记录	10	记录规范,无涂改	
5	测量成果	30	计算正确,成果符合限差要求	
6	团队合作	10	小组各成员能相互配合,协调工作	

存在问题:

考核教师:_____　　　　　　　　　　____年___月___日

自我测试

1. GPS由哪几部分组成?
2. GPS定位技术有什么特点?
3. 简述GPS-RTK点位测量和放样的操作步骤。

参考文献

[1] 王云江.建筑工程测量[M].北京:中国建筑工业出版社,2002.

[2] 孔达.工程测量[M].北京:高等教育出版社,2007.

[3] 李仲.建筑工程测量[M].北京:高等教育出版社,2007.

[4] 合肥工业大学,重庆建筑大学,天津大学,等.测量学[M].4版.北京:中国建筑工业出版社,1995.

[5] 陈丽华.测量学[M].杭州:浙江大学出版社,2009.

[6] 罗斌.道路工程测量[M].北京:机械工业出版社,2005.

[7] 赵雪云,李峰.工程测量[M].北京:中国电力出版社,2007.

[8] 彭维吉,彭子茂.建筑工程测量[M].北京:中国建材工业出版社,2012.

[9] 中华人民共和国国家标准.GB 50026—2007 工程测量规范[S].北京:中国计划出版社,2008.

[10] 中华人民共和国国家标准.GB/T 20257.1—2007 国家基本比例尺地图图式 第1部分:1∶500 1∶1000 1∶2000 地形图图式[S].北京:中国标准出版社.2008.

[11] 建筑施工手册第四版编写组.建筑施工手册[M].4版.北京:中国建筑工业出版社,2003.

"建筑工程测量"课程教学大纲

建议课时数：64
适用专业：建筑工程技术专业等

一、课程性质

"建筑工程测量"是高职类建筑工程技术专业的一门重要的、具有很强实践性的专业核心课程，目标是让学生知道测量的基本理论，会常规测量仪器的使用及检验校正方法，会进行施工放样，从而使学生具有承担建筑工程中施工测量的工作能力，也是进一步学习建筑施工、工程项目管理等课程的基础。

该课程是依据建筑工程技术专业工作任务与职业能力分析表中的测量工作项目设置的。其总体设计思路是，打破以知识传授为主要特征的传统学科课程模式，以测量工作任务为中心组织课程内容，并让学生在完成具体测量项目的过程中学会完成相应工作任务，并构建相关理论知识体系，发展职业能力。课程内容突出对学生施工放样能力的训练；理论知识的选取紧紧围绕工作任务完成的需要来进行，同时又充分考虑高等职业教育对理论知识学习的需要；并融合"工程测量员"职业资格证书考试对知识、技能和态度的要求。本课程的项目设计是以测量技能训练为线索来进行的。本课程的建议课时为64学时，要求学生学会常规的测量仪器和工具的基本操作技能，学会施工放样的基本方法。

二、课程目标

通过本课程的学习，使学生能熟练操作光学经纬仪、普通水准仪等常规测量仪器；知道测量误差的基本知识；能进行测绘数据的处理；会小地区图根控制测量的外业测量与内业计算；具有测绘原施工现场地面和竣工总平面图的初步能力；会现代测绘仪器（全站仪、GPS）的使用；会进行工业与民用建筑工程的施工测量。

职业能力培养目标：

（1）能正确使用常规测量仪器（经纬仪、水准仪、钢尺）来进行普通测量工作，并能对测量仪器进行一般性的检验。

（2）会使用测距仪、全站仪、自动安平水准仪等仪器，并对GPS、电子水准仪等新仪器有所了解。

（3）根据相关规范要求，能正确记录测量数据，能正确计算放样时所需的测设数据。

（4）能进行小区域平面高程控制网的布设、观测及数据处理。

（5）能独立组织施工现场地面和竣工总平面图的测绘工作。

（6）能独立组织工业与民用建筑工程的施工测量工作。

三、课程内容和要求

根据工程测量课程目标和涵盖的工作任务要求，使学生掌握相应的知识与技能，本课程通过表1所列10个教学项目确定课程内容和要求,采用教、学、做一体化的教学模式。

课程内容和要求　　　　　　　　　　　　　　　　　　表1

序号	教学项目	知识要求	技能要求	建议课时
1	背景知识	①知道地形图、比例尺精度、分幅与编号、图名、坐标网格的概念; ②知道地物与地貌(地物符号、地貌等高线、注记)的表示方法; ③知道地面点位确定的方法	①能看懂地形图,能结合具体地形图知道该地形图的图名、比例尺、坐标网格和图上的地物、地貌等内容; ②会利用地形图确定图上点的(X,Y,H)坐标,或能在地形图上找到一个(X,Y,H)坐标为已知的点	2
2	高程控制测量	①掌握水准测量原理,会实施水准测量的外业工作(观测、记录和检核)及内业数据处理工作(高差闭合差的调整);知道水准测量的误差来源及施测中的注意事项; ②掌握高程测设方法; ③会建立高程控制网,会实施四等水准测量观测; ④知道水准仪的检验方法	①熟练使用DS_3型微倾式水准仪; ②会踏勘选点建立高程控制网,会实施水准测量工作; ③会实施点的高程放样	16
3	平面控制测量	①掌握水平角和竖直角测量的基本原理; ②会用测回法进行水平角和竖直角的观测和记录计算; ③知道光学经纬仪的检验方法; ④知道水平角测量误差来源及减小误差措施; ⑤会使用电子经纬仪测角; ⑥会使用钢尺进行一般量距; ⑦会水平距离和水平角的测设方法; ⑧知道平面控制测量的基本概念、作用、布网原则和基本要求; ⑨知道导线测量的概念、布设形式和等级技术要求,能进行导线测量外业操作(踏勘选点、测角、量边),会进行内业的计算(闭合、附合导线坐标计算); ⑩能建立施工控制网,会建筑施工现场控制测量工作(建筑基线、建筑方格网等); ⑪会全站仪的基本操作,知道测角、测边、测三维坐标和三维坐标放样的原理和操作方法	①熟练使用光学经纬仪; ②熟练观测水平角和竖直角; ③熟练使用钢尺进行一般量距; ④熟练进行水平距离和水平角的放样; ⑤会实施导线测量工作; ⑥会建立施工控制网; ⑦会使用全站仪	20

续上表

序号	教学项目	知 识 要 求	技 能 要 求	建议课时
4*	施工现场地面测量	①会测图前的准备工作、特征点选择、碎部测量的方法； ②会用经纬仪进行施工现场地面测量，能进行地物描绘、等高线勾绘； ③会地形图的拼接、整饰和检查； ④知道竣工总平面图编绘的方法； ⑤知道线路测量的基本工作，会简单路线的中线测量和纵、横断面测量； ⑥会数字化测图	①会用经纬仪测绘法测绘施工现场地面； ②会简单路线的中线测量和纵、横断面测量； ③会用全站仪进行小区域数字化测图	4
5	建筑物定位与放线	①知道民用建筑定位的方法； ②知道民用建筑细部点放样的方法	①会用测量工具进行民用建筑物的定位放样； ②会用测量工具进行民用建筑细部点的放样	8
6*	建筑物基础施工测量	①知道条形浅基础各部位的施工工序与施工测量； ②知道基桩、承台的施工工序与施工测量； ③知道柱基础的施工工序与施工测量； ④知道设备基础的施工工序与施工测量	①会基槽、垫层、基础面高程测量与轴线投测； ②会基桩定位、垂直度控制、高程测量； ③会柱基、地脚螺栓的定位与高程测量； ④会设备基础控制网建立、标板中心线投点	2
7*	民用建筑主体施工测量	①知道多层建筑的墙体施工测量； ②知道多层建筑轴线投测和高程传递的方法； ③知道高层建筑轴线测设的方法； ④知道高层建筑高程传递的方法	①会进行多层建筑的施工测量工作； ②能进行高层建筑的现场轴线测设工作； ③能进行高层建筑的现场高程传递工作	4
8*	厂房构件安装测量	①知道柱子的安装工序与安装测量； ②知道吊车梁的安装工序与安装测量； ③知道吊车轨道的安装工序与安装测量； ④知道屋架安装工序与安装测量	①柱子±0.00、−0.60高程线测量和垂直度校正； ②会吊车梁高程、中心线校正； ③会吊车轨道中心线、高程检测； ④会屋架定位、垂直度校正	2
9*	建筑物的变形监测	知道建筑物变形观测的内容和观测方法	会观测建筑物的变形观测	2
10*	卫星定位测量	知道卫星定位测量(GPS)原理	会使用普通GPS-RTK技术进行点位测设和点位放样	4

注：由于教学课时有限，表中打＊的教学项目中的部分内容为选学内容，授课教师可根据各地实际情况选择教学内容。

四、教学评价

本课程是学生掌握测量技能的第一阶段学习,考核采用百分制,主要考核学生对于本课程的理论知识和基本操作技能的掌握情况,其中课内实训及考勤等考核占60%,期末理论考试成绩占40%。

工程测量实训是学生掌握测量技能的第二阶段学习,相关的教学及考核评价见《工程测量实训》。

五、教学项目设计(表2～表11)

背景知识教学项目设计　　　　　　　　　　　　　　　表2

教学项目	工作任务	理论	实践	教学重点	教学情境与教学设计	建议学时
项目一:背景知识	看懂地形图	①知道地形图、比例尺精度、分幅与编号、图名、坐标网格的概念;②知道地物与地貌(地物符号、地貌等高线、注记)的表示方法	阅读地形图	地形图的基本知识	结合具体地形图,让学生找到该地形图的图名、比例尺、坐标网格和图上的地物、地貌等内容	2
	确定地面点位	知道地面点位确定的方法	阅读地形图	地面点位确定的方法	利用地形图,让学生确定图上一些点的(X,Y,H)坐标;或给定点的(X,Y,H)坐标,让学生在地形图上找到	

高程控制测量教学项目设计　　　　　　　　　　　　　表3

教学项目	工作任务	理论	实践	教学重点	教学情境与教学设计	建议学时
项目二:高程控制测量	操作水准仪	①掌握水准测量原理;②熟练使用水准仪	操作水准仪	熟练使用DS_3型微倾式水准仪	练习水准仪的使用	16
	实施水准测量	①会实施水准测量的外业工作:观测、记录和检核;②知道水准测量的误差来源及施测中的注意事项	实施普通水准测量的外业工作	水准测量的外业工作:观测、记录和检核	实施普通水准测量	
	整理水准测量成果	会水准测量的内业数据处理工作	实施普通水准测量的内业计算	水准测量的内业计算	实施普通水准测量的内业计算	

续上表

教学项目	工作任务	理论	实践	教学重点	教学情境与教学设计	建议学时
项目二：高程控制测量	高程放样	知道高程测设方法	已知高程点的放样	高程放样方法	实施已知高程点的放样	16
	检验与校正微倾式水准仪	①知道微倾式水准仪的轴线应满足的条件；②知道水准仪的检验方法	检验水准仪	检验水准仪的方法	检验水准仪	
	建立高程控制网	会建立高程控制网，会实施四等水准测量观测	实施四等水准测量	会踏勘选点建立高程控制网	实施四等水准测量	

平面控制测量教学项目设计　　　　　表4

教学项目	工作任务	理论	实践	教学重点	教学情境与教学设计	建议学时
项目三：平面控制测量	操作经纬仪	①知道光学经纬仪的构造；②熟练使用光学经纬仪	操作经纬仪	熟练使用光学经纬仪	练习光学经纬仪的使用	20
	测量水平角和竖直角	①掌握水平角和竖直角测量的基本原理；②会用测回法进行水平角和竖直角的观测和记录计算；③知道水平角测量误差来源及其减弱措施；④会使用电子经纬仪测角	测回法观测水平角和竖直角	用测回法进行水平角和竖直角的观测和记录计算	用光学经纬仪观测水平角和竖直角	
	检验和校正经纬仪	知道光学经纬仪的检验方法	经纬仪的检验	经纬仪的检验	检验光学经纬仪	
	水平距离和水平角放样	会水平距离和水平角的测设方法	水平距离和水平角的放样	水平距离和水平角的测设方法	用光学经纬仪练习水平角和水平距离的放样	
	钢尺量距	会使用钢尺进行一般量距	钢尺的一般量距	钢尺的一般量距方法	用钢尺进行一般量距	

续上表

教学项目	工作任务	理论	实践	教学重点	教学情境与教学设计	建议学时
项目三：平面控制测量	实施导线测量	①知道平面控制测量的基本概念、作用、布网原则和基本要求；②知道导线测量的概念、布设形式和等级技术要求，能进行导线测量外业操作（踏勘选点、测角、量边），会进行内业的计算（闭合、附合导线坐标计算）	实施导线测量	导线测量的外业操作（踏勘选点、测角、量边）和内业计算	本项目首先让学生练习使用电子经纬仪，然后实施导线测量的外业工作，同时完成内业工作	20
	建立施工平面控制网	能建立施工平面控制网，会建筑施工现场控制测量工作（建筑基线、建筑方格网等）	建立施工控制网	建立施工控制网的方法	用电子经纬仪进行建筑基线的调整	
	认识全站仪	会全站仪的基本操作，知道测角、测边、测三维坐标和三维坐标放样的原理和操作方法	操作全站仪	全站仪的使用	练习全站仪的使用	

施工现场地面测量教学项目设计　　表5

教学项目	工作任务	理论	实践	教学重点	教学情境与教学设计	建议学时
项目四：施工现场地面测量	用经纬仪测绘法测绘施工现场地面	①会测图前的准备工作、特征点选择、碎部测量的方法（以经纬仪测绘法为主）；②能进行地物描绘、等高线勾绘；③会地形图的拼接、整饰和检查	绘制小区域地形图	会测图前的准备工作、特征点选择、碎部测量的方法	用经纬仪实施小区域控制测量和碎部测量	4
	线路测量	知道线路测量的基本工作，会简单路线的中线测量和纵、横断面测量	线路测量	①中线测量；②纵、横断面测量	用经纬仪和水准仪进行线路测量工作	
	数字化测图	会数字化测图的数据采集工作、数据传输和绘图工作	绘制小区域地形图	①使用全站仪进行外业数据采集工作；②CASS软件绘图	用全站仪进行数字化测图工作，并用CASS软件进行绘图	

建筑物定位与放线教学项目设计　　　　　　　　　　　　　　　　　　　　表6

教学项目	工作任务	理论	实践	教学重点	教学情境与教学设计	建议学时
项目五：建筑物定位与放线	民用建筑物的定位	知道民用建筑定位的方法	直角坐标法测设平面点位	民用建筑定位的方法	练习用直角坐标法测设平面点位	8
	民用建筑细部点的放样	知道民用建筑细部点放样的方法	极坐标法测设平面点位	民用建筑细部点放样的方法	练习用极坐标法测设平面点位	

建筑物基础施工测量教学项目设计　　　　　　　　　　　　　　　　　　表7

教学项目	工作任务	理论	实践	教学重点	教学情境与教学设计	建议学时
项目六：建筑物基础施工测量	浅基础施工测量	知道条形浅基础各部位的施工工序与施工测量	基槽水平桩和垂直桩测设	会测设基槽水平桩和垂直桩	模拟施工现场，测设基槽水平桩和垂直桩	2

注：本项目的教学也可安排到校外实训基地中，结合校外实训基地具体施工情况，让学生参与基础施工测量工作。

民用建筑主体施工测量教学项目设计　　　　　　　　　　　　　　　　　表8

教学项目	工作任务	理论	实践	教学重点	教学情境与教学设计	建议学时
项目七：民用建筑主体施工测量	多层建筑的墙体施工测量和轴线投测	①知道多层建筑的墙体施工测量方法；②知道多层建筑轴线投测和高程传递的方法	多层建筑的墙体施工测量和轴线投测	①多层建筑的墙体施工测量方法；②多层建筑轴线投测和高程传递的方法	通过课堂教学和观看相关教学录像，使学生掌握多层建筑的墙体施工测量和轴线投测方法	4
	建筑物的轴线投测	①知道高层建筑轴线测设的方法；②知道高层建筑高程传递的方法	高层建筑轴线测设和高程传递	高层建筑轴线测设的方法	通过课堂理论教学和观看相关教学录像，让学生知道高层建筑的轴线投测方法和高程传递的方法	

注：本项目的教学也可安排到校外实训基地中，结合校外实训基地具体施工情况，让学生参与多层建筑的墙体施工测量和轴线投测、高层建筑的轴线投测和高程传递等工作。

厂房构件安装测量教学项目设计　　　　　　　　　　　　　　　　　　表9

教学项目	工作任务	理论	实践	教学重点	教学情境与教学设计	建议学时
项目八：厂房构件安装测量	柱子安装测量	知道柱子的安装工序与安装测量	柱列垂直度校正	会校正柱列的垂直度	模拟柱子安装施工现场，宜将方木弹线后，安装在空心水泥砖（杯口）上；亦可将花杆直接插在泥地上形成柱列	2

注：本项目的教学也可安排到校外实训基地中，结合校外实训基地具体施工情况，让学生参与厂房构件安装测量工作。

建筑物的变形监测教学项目设计　　　　　　　　　　　　表10

教学项目	工作任务	理　论	实践	教学重点	教学情境与教学设计	建议学时
项目九：建筑物的变形监测	沉降、倾斜、位移观测	知道建筑物的沉降、倾斜、位移观测方法	阅读建筑物的沉降、倾斜、位移观测资料	建筑物的沉降、倾斜、位移观测方法	通过课堂教学和观看相关教学录像，并指导学生阅读一些相关施工资料，让学生掌握建筑物的变形观测的内容和方法	2

注：本项目的教学也可安排到校外实训基地中，结合校外实训基地具体施工情况，让学生参与建筑物的变形观测工作。

卫星定位测量教学项目设计　　　　　　　　　　　　表11

教学项目	工作任务	理　论	实践	教学重点	教学情境与教学设计	建议学时
项目十：卫星定位测量	GPS-RTK点位测量和放样	知道卫星定位测量（GPS）原理	GPS-RTK点位测设和点位放样	GPS-RTK点位测设	利用RTK技术完成数据采集工作，并用CASS软件完成绘图工作	4